你身边的遗传奥妙

李惟基　杨玉霞　编著

中国农业大学出版社
·北京·

内 容 简 介

作者在这本小册子里,编写了近百个与我们生活息息相关的有关遗传知识的有趣和有用的话题,每个话题独立成章,分别涉及人类、动物、植物和微生物的生命奥秘;同时按"生命密码""生物性别""健康生活"和"精彩世界"四项归类,组成 A 篇、B 篇、C 篇和 D 篇,通俗解释遗传和环境在其中的作用,融科学于日常,变深奥为浅显,化艰涩为生趣,适合对生命的遗传奥妙感兴趣的朋友们阅读,也是大中学生学习生物课很好的课外参考读物。

图书在版编目(CIP)数据

你身边的遗传奥妙/李惟基,杨玉霞编著. —北京:中国农业大学出版社,2016.8

ISBN 978-7-5655-1667-2

Ⅰ.①你… Ⅱ.①李… ②杨… Ⅲ.①遗传学-普及读物 Ⅳ.①Q3-49

中国版本图书馆 CIP 数据核字(2016)第 176891 号

书　　名	你身边的遗传奥妙
作　　者	李惟基　杨玉霞　编著

策划编辑	丛晓红　孙　勇	责任编辑	丛晓红
封面设计	郑　川	责任校对	王晓凤
出版发行	中国农业大学出版社	插　　画	温　熹
社　　址	北京市海淀区圆明园西路 2 号	邮政编码	100193
电　　话	发行部 010-62818525,8625	读者服务部	010-62732336
	编辑部 010-62732617,2618	出　版　部	010-62733440
网　　址	http://www.cau.edu.cn/caup	E-mail	cbsszs @ cau.edu.cn
经　　销	新华书店		
印　　刷	涿州市星河印刷有限公司		
版　　次	2016 年 10 月第 1 版　　2016 年 10 月第 1 次印刷		
规　　格	850×1 168　16 开本　16.75 印张　200 千字		
定　　价	45.00 元		

图书如有质量问题本社发行部负责调换

目　　录

B 篇　漫话生物性别

C篇　健康生活闲言

D篇　精彩世界絮语

A篇　泛谈生命密码

　　每种生物都在各自的生命密码支配下,经历各自的生老病死过程。这种互不相同的生命密码叫作基因,它们都是以特定的简单化学物质为材质构成的。

　　那么,这种简单的化学物质用什么方式分别贮存着各种生物之间千差万别、丰富多彩的生命密码呢?

　　这许多生命密码又怎样先后有序地经过生物细胞里的化学反应,产生哪几类不同性质的蛋白质,从而演绎出活灵活现的各种生命现象呢?

　　与此同时,生命密码又怎么能够使各种生物,在漫长的历史长河中世代相传、生生不息呢?

　　如果你对以上这些问题感兴趣的话,就请阅读本篇,本篇正是试图通过我们身边多方面的生活实例,通俗地和你聊聊这些基本的科学道理。

✳ A01　我们继承了父母的什么
——什么是遗传物质

　　你和几家陌生人坐在一起的时候，一般都能分得清其中哪几位是同胞兄弟姐妹，他们（她们）的父母是这一群朋友当中的哪两位长辈。这是因为从儿女身上，不仅能看到和父母相似的面貌，甚至还能看到和父母相似的体态。那么，人们究竟从父母亲那里继承了什么物质，让他（她）们能够长得像父母呢？

　　早先，科学家借助显微镜，发现了生物细胞里存在一种丝状物体，叫作染色体。他们的研究结果表明，生物生殖过程中，卵细胞的染色体和精细胞的染色体结合成为受精卵，然后随着细胞增殖，而逐步分布到生物体全身细胞。因此推断，染色体里隐藏着遗传物质。我们人类也不例外，遗传物质是母亲卵细胞里的单倍染色体，和父亲精细胞里的单倍染色体结合之后，随着我们胚胎的发育，和出生以后的身体成长，而遍布全身的。我们全身的每一个细胞，都有父母双方的染色体，染色体里藏着他们的遗传物质。

　　在这之后，科学家进一步分析了染色体的化学成分，发现它的主要化学成分是蛋白质和DNA。DNA是一种双链的化学分子，形态像麻花一样，全名是脱氧核糖核酸。那么，遗传物质究竟是染色体里的蛋白质还是DNA呢？换句话说，我们继承的是父母的蛋白质还是父母的DNA呢？这个问题一时困扰着科学家们。

　　起初，不少人认为，遗传物质应该是染色体里的蛋白质，理由是自然界的蛋白质种类多到不可胜数，估计多达 $10^{10} \sim 10^{12}$ 种，觉得自然界千姿百态的生物多样性,正是蛋白质丰富多彩的表现。

而回过头来看看 DNA 呢,这种化学物质的成分很简单,彼此之间的区别只在于碱基的不同。碱基是很小的化学结构单位,由若干原子组成,一共只有 4 种。因而觉得,仅仅 4 种碱基不可能代表千姿百态的生物多样性。

后来,不同的科学家又进行了多次试验,才逐渐认识到遗传物质是 DNA,而不是蛋白质或其他物质。其中一个十分严谨的试验,采用的实验材料是噬菌体。

噬菌体是结构十分简单的一种病毒,整个病毒只包括一个蛋白质外壳,和包装在其中的一条 DNA 分子。它在侵染细菌之后能在细菌中繁殖,然后使细菌裂解,从而释放出许许多多病毒后代。科学家采用这种病毒侵染细菌的试验过程表明,病毒的蛋白质外壳始终留在细菌外面,只有病毒的 DNA 能进入细菌,并在其中复制出许多新的病毒 DNA,再靠这些新的病毒 DNA 造出许多新的病毒蛋白质外壳。

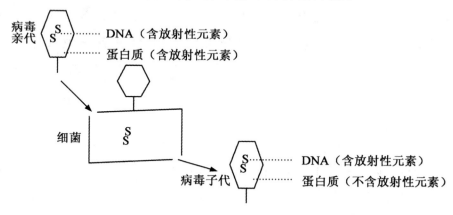

图 A01-1 病毒侵染细菌实验结果证明 DNA 传递到子代,蛋白质不传递

这就说明,噬菌体子代继承的是亲代的 DNA,而不是亲代的蛋白质。推而广之,不难理解我们人类继承的是父母双方集中在受精卵里的

DNA，而不是他们以蛋白质为主要成分的骨骼和肌肉。在受精卵里，是无论如何也找不到骨骼和肌肉的。尽管古代的一位学者曾经用一幅漫画表示人类的受精卵已经有了胎儿的雏形，但是至今谁也无法证实。后来众多的研究结果能证实的，倒是我们的整个躯体，是在我们发育过程中，按照父母受精卵里DNA结构规定的模式，通过表达蛋白质，而重新建造起来的。

✳ A02　发荧光的烟草、兔子和行道树
——遗传物质的佐证

在早些年，科学家用于确定遗传物质是 DNA 的试验，是以细菌和病毒为实验材料的，因为它们结构简单，使得试验过程不受其他因素的干扰，因而所得到的结论十分可靠。然而，也因此难免会有人质疑：结论是否也适用于高等生物？事实是怎样的呢？事实上，另外一些科学家后来接着做的试验，都证实了高等生物的遗传物质也是 DNA。我们马上就介绍的荧光烟草和荧光兔子，也可以看作是其中的证据。

说到荧光，我们自然会联想到萤火虫。萤火虫有不少故事，例如"囊萤夜读"就是其中之一。说的是我国晋代有一位青年名叫车胤，因为家里贫穷，没有钱买灯油，夏天的夜晚他就到地里去捉几十只萤火虫装进白绢里，回到家靠萤火虫发出的荧光照亮他的书本，让他在夜里也能够刻苦读书。长此以往，他终于成为当时一位有出息的人才。

萤火虫的诗词和歌曲也不少。例如有一首儿歌这样唱道："萤火虫，夜夜红，飞到西，飞到东。一飞飞到花园里，遇到迷路的小蜜蜂。小蜜蜂哟别着急，我正提着小灯笼，给你照亮黑暗的路，平安把你往家送"。

听到这里，我们不禁要问，为什么小蜜蜂不会发出荧光，而萤火虫能够发出荧光呢？现代科学家发现，这是因为萤火虫尾部的细胞里具有荧光素和荧光素酶这两种化学物质，这两种化学物质在一定条件下发生反应就会发出荧光。

那么，萤火虫的荧光素和荧光素酶又是哪里来的呢？科学家做了一个试验：从萤火虫的细胞核里专门提取了其中的某一段 DNA，它是一种

化学物质,把它转移到烟草的细胞里,结果培育出了所有茎、叶都能够发荧光的烟草。并且,这株烟草所繁殖的后代也能继续保持发荧光的特性。后来,别的科学家还采用类似的方法,将荧光水母的 DNA 转移到兔子的细胞里,结果培育出了在黑暗中能够全身发荧光的兔子,并且,兔子发荧光的特性也能代代相传。

由此可见:萤火虫和荧光水母的 DNA 具有制造发光物质的功能;而且,萤火虫和荧光水母的 DNA 能够传递给别的生物和这些生物的后代。总而言之,以上实验结果能够证实,萤火虫和荧光水母的遗传物质是 DNA。

据报道,一段时间以来,美国有三位年轻的大学教师正在大胆从事一项工程,准备将发光细菌的 DNA 转移到树木细胞里,培育能够发出荧光的树木,种植在马路两旁当路灯使用。如果他们的试验有一天获得成功并加以推广,那么我们马路两旁到了夜晚,就再也不用耗费外来能源来点灯,那一排排行道树自己就会荧光闪闪的,此时再遇到晚风轻轻地吹拂,那该会是多么令人着迷和陶醉的一幕夜景啊!

✳ A03 生旦净丑一台戏
——生命密码的组成

想必您看过京剧，至少通过电视看过京剧折子戏。京剧里通常都有几个角儿，至少有生、旦、净、丑等四种角色，也叫作四种行当。其中"生"是指男角，"旦"是指女角，"净"是花脸，"丑"是小丑。当然，还可以加上专司开幕、谢幕和跑龙套的一个，叫作"末"。总之，一般有了多种角色，才能唱好一台戏。

生物的细胞也一样，想要演好一场表现生命现象的戏，非有若干个角儿不可。这些角儿就是细胞里的各种蛋白质。按照它们的功能可以分为若干类型。例如，组成蚕丝主要成分的丝心蛋白；血液里输送氧气的红蛋白；用于器官移植配型的白细胞抗原；防御传染性疾病用的抗体；男孩子长胡须时用于接纳雄激素的受体；牛能把青草变成造奶原料的胰蛋白酶；关系到身高体重的生长激素、瘦素等。

这些不同类型蛋白质是哪里来的呢？科学家告诉我们，它们都是被通俗地称为生命密码的基因的表达产物。基因是什么？其实，基因是DNA分子上的一个段落。不同的基因就是不同的DNA段落，这些段落的分子结构互不相同，具体表现在DNA所含有的4种碱基具有不同的排列组合方式，因而，它们能够分别表达不同的蛋白质。例如，人类每个细胞核里存在23对（46条）染色体，每条染色体都含有一条DNA分子。一个基因是长长的DNA分子当中的一小段。

科学家现在已经搞清楚生物的DNA只存在4种碱基。那么，依靠这4种碱基能够组成多少种不同的生命密码呢？

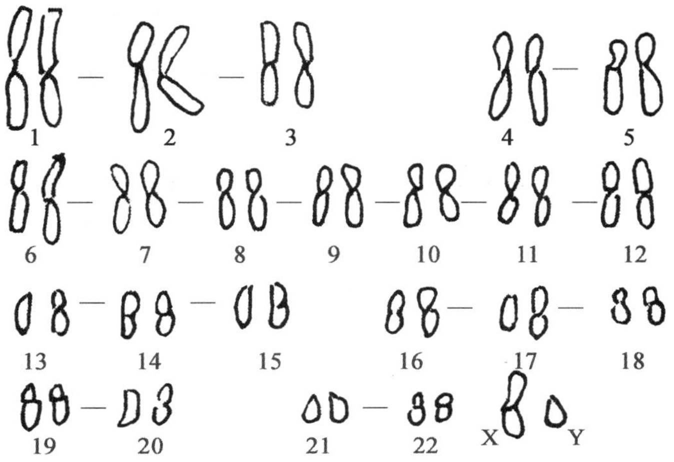

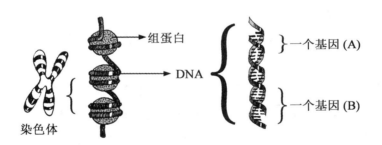

图 A03-1　人类细胞核里的 23 对染色体（正常男性）

图 A03-2　细胞核里的染色体、DNA 和基因的关系

　　我们不妨先来看看,我们的身份证是怎样利用从 0 到 9 这 10 种数字,组成全国 13 亿以上人口的身份证号码的。大家都知道,我们的第二代身份证号码是由 18 位数字组成的,这 18 位数字编码了身份证持有人的个人信息。假设有一张身份证的号码是 110108181512089328,那么,其中的前 6 位数字是地址码,110 代表北京市,108 代表海淀区。接下来的 8 位数字是出生日期码,代表持有人出生于 1815 年 12 月 08 日。再往后的 2 位数字代表所在派出所。又接着的 1 位数代表性别,奇数为男

性,偶数为女性。最后一位尾数是编制身份证时计算机给出的一个随机数字,叫作验证码,不包含个人信息,只用于检验前 17 位数字的录入是否正确。因此,通过这张身份证,我们可以确认持有人的以下信息:这个人居住在北京市海淀区,1815 年 12 月 8 日出生,今年应该有 200 多岁了,呵呵,如果确有其人的话,那该是无与伦比的一位长寿老太太!

由此可见,我们的身份证是采用数字组合的方式编码个人信息的。虽然身份证号码采用从 0 到 9 一共才 10 种数字,但是它们的排列组合可以产生无数个互不相同的数字序列,足以编码和区分我国 13 亿以上人口的个人信息。

我们细胞里的 DNA 也很"聪明",虽然碱基只有 4 种,却能利用它们之间的各种排列组合,组成丰富多彩、千姿百态的生命密码。DNA 是一条双链的化学分子,形态很像麻花,假设有一段 DNA 双链含有 1 000 对碱基,那么,这一段 DNA 双链的碱基排列组合就可以有 4 的 1 000 次方这么多种。

为什么呢?请您耐心听我慢慢道来。首先,让我们把 4 种碱基分别简称为 A、T、G、C,就好比扑克牌里有梅花、红桃、方块和黑桃四种牌。然后,当作你我是一对好朋友,面对面坐在固定的座位上,各人拥有一张扑克牌,你拥有梅花时我拥有红桃,你拥有红桃时我拥有梅花,你拥有方块时我拥有黑桃,你拥有黑桃时我拥有方块,一共可以有 4 种组合方式。如果 1 000 对座位上同时面对面坐着好朋友,也都同你我一样用 4 种方式换扑克牌的话,那么,这 1 000 对座位上的扑克牌排列组合方式就会有 4 的 1 000 次方这么多种了,对吗?其实,4 种碱基 A、T、G、C 在 DNA 双链上排列组合方式种类之多,也就和扑克牌一样的道理。

因此,我们不难理解,为什么 DNA 依靠 4 种碱基就能够组成亿万种生命密码。这样一段贮存生命密码的 DNA 双链,就是我们通常说的基因。基因有大有小,中等大小的一个基因实际上包含大约 1 000 对碱基。相同的基因，具有相同的碱基排列组合；不相同的基因，具有不相同的碱基排列组合。"碱基的排列组合"通常称为"DNA序列"，再通俗一些可以叫作"DNA的分子结构"、"DNA的化学结构"或者"DNA的结构"，总而言之就是这一段DNA的碱基是按照什么样的顺序排列的。但是请注意，它是DNA分子链上特定的一段序列，而不是没头没尾任意取舍的序列。实际上，现代遗传学是这样定义基因的：基因是具有遗传效应的一段DNA序列。这个定义中讲的"具有遗传效应"，指的就是具有生命密码的功能，也就是能够传递到后代，以及表达出各类蛋白质，如同京戏里的生、旦、净、丑、末一样，联合起来出演一台精彩的《沙家浜》或者《智取威虎山》。

当然，这些基因联合起来表现生命现象的时候，需要相互之间的协同、配合，它们的表达各有自己一定的时间和地点，也就是分别在生物体不同的发育阶段和不同的器官表达。例如，白天鹅的各种基因早在卵的胚胎里和孵出的丑小鸭时期就存在了，但是它们却先后有序地表达，于是才有丑小鸭逐步成长为白天鹅的过程。这和生、旦、净、丑、末各种角色的出场和退出需要按照剧本安排合适的时间和场合，是同一个道理。

基因们的这种安排是由另一类基因控制的，这另一类基因叫作"调控基因"。调控基因的作用，就像是导演按照剧本的要求，指挥各种角色在规定的时间和场合出场，在规定的时间和场合退出。相对于调控基因，那些表达各类蛋白质的基因就统称为结构基因。

�֍ A04 转基因技术与食品安全
——生命密码的输入

转基因技术是科学界在确认DNA为遗传物质之后的一项重大技术成就,也叫基因工程。它通过向生物细胞插入一段能够表达特定蛋白质的DNA片段,使生物获得新的生命密码,从而产生新的性状。这种能够表达特定蛋白质的DNA片段就称为基因。虽然这种技术在遗传学上和常规杂交育种、诱变育种和远缘杂交育种没有本质区别,都是使生物获得另一种生物的基因;但是比起常规杂交来,更具有明确的目的性;比起诱发突变来,更具有预见性;比起远缘杂交来,更具有获得目标基因的可靠性。因此,可以称为创造生物新类型途径的"升级版"。

目前,转基因技术已经取得了令人瞩目的成就。医药方面,已有300多种蛋白药物可以通过基因工程获得,其中有些已经通过严格的疗效检测、动物试验和临床测试。比较常见的有胰岛素、干扰素、生长激素、促红细胞生成素等。另外还有许多用于抗肿瘤、溶血栓、治疗血友病、减肥、抗中风等的药品。预计基因工程药物将成为21世纪药业的支柱。此外,人们还翘首关注抗艾滋病的转基因病毒疫苗早日问世。

微生物利用方面,经过转基因改造而成的"工程菌"一般生长迅速、能专一地降解污染物,在处理污水、净化气体、去除海洋石油污染等方面都可以发挥巨大作用。有的还可用于冶金采矿、二次采油、食品加工、降解残留农药等方面。

种植业方面,目前的主要成就表现在培育抗病、抗虫和抗除草剂的农作物品种。这些新品种的推广在确保农作物产量和品质的基础上,减

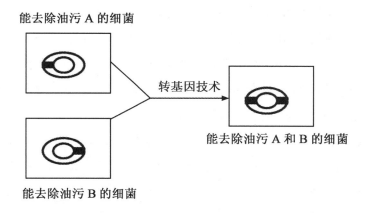

能去除油污 A 的细菌

转基因技术

能去除油污 A 和 B 的细菌

能去除油污 B 的细菌

图 A04-1　超级细菌的构建

少了农药的使用,有利于保护自然环境和降低农业生产成本。以玉米为例,苏云金杆菌 Bt 制剂作为生物杀虫剂应用于作物保护已有 50 多年的历史,但是在目前农作物保护市场上占的份额仍然不足 1％,主要原因是田间效果不稳定、在紫外线下易分解、持效期短、对隐蔽害虫效果不大、在玉米田使用操作困难等。而今科学家将 Bt 的杀虫蛋白基因转到玉米中,使玉米也能产生这种蛋白质,当害虫危害取食玉米时,这种蛋白质在害虫消化道的碱性环境及酶的作用下被活化,就能杀死害虫。美国农业部 2013 年报告称,美国生产的玉米、棉花、大豆、甜菜有 90％以上是转基因的,市场上的加工食品 70％含转基因成分。

　　我国近 9 年来的中央一号文件,6 次提到了转基因技术,这就足以说明,中国这样一个人口大国决不允许在这种前沿技术方面落后。如果我们的技术停滞不前,就会受制于他国,对于我国种子业、粮食等方面的战略安全是很不利的。

　　然而,转基因技术作为一门高新技术,还不为公众所熟悉,所以在取得成就的同时,它的安全性,特别是食品安全性,自然也引起了社会上广泛的关注。其实,说到安全不安全,我们需要对每一件转基因产品进行逐个的具体分析,就好比在常见食品里,有的蘑菇是安全的,也有的蘑菇是有毒的,需要区别对待而不应笼统地肯定或否定。正因为如此,我国政府部门对每一种转基因食品,不论自产或进口的,都严格制定和执行相关的管控条例,其中包括惩处未经国家审批而私自投放市场,或虽持有品种安全证书但违规销售其种子的行为。

此外,目前我国社会上关于转基因的争论,很大层面上是科学普及不到位造成的。例如曾有人错误地认为,抗虫玉米的 Bt 基因编码的 Bt蛋白,既然能杀死害虫也就有可能置人于死地。其实,人的胃液环境是酸性的,Bt 蛋白在人体不会被活化,而且人的肠道细胞也没有这类蛋白的有效结合位点,因此是安全的。这就好比番茄碱、辣椒素都能杀虫,但是并不妨碍番茄和辣椒成为许多人喜爱的食物。鉴于目前社会上存在着争论,2015 年的中央一号文件除了重提加强农业生物转基因技术研究和安全管理之外,还首次写进了加强转基因科学普及的要求。

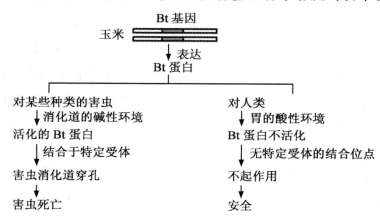

图 A04-2 转 Bt 基因玉米的杀虫原理和食品安全性

❀ A05　长肉不长膘的新型猪诞生了

——生命密码的剔除

2015年，具有很高国际学术权威性的《自然》(*Nature*)杂志报道了一则新闻：中韩科学家共同培育出了体格大又几乎没有脂肪的“超级猪”。

截至目前，如果想培育出体格大的猪，使用的方法是用体格大得超出正常水平的基因突变猪进行交配，从而获得其后代。这种传统的品种改良方法，即便花费数十年的时间，成功率也不高。中韩科学家的研究小组通过基因修饰技术，只用了一年就培育出了新品种。

他们所采用的基因修饰技术是怎么回事呢？为什么这种技术能够使“超级猪”和普通猪有这么大的差别呢？

原来，普通猪的细胞里，存在超出一定水平的遏制肌肉生长的“肌肉生长遏制素(MSTN)”。因此，猪所吃饲料的相当部分没有变成肌肉，而是积累成了脂肪，变成了我们常见的肌肉少、油脂多的猪。那种肌肉生长遏制素(MSTN)是猪的基因表达的一种蛋白质。所以表达这种蛋白质的基因叫作MSTN基因。科学家从猪的体细胞核里去除了这个令人讨厌的MSTN基因，接着将去除了MSTN基因的体细胞核移植到卵细胞中，并让它在猪的子宫里着床、发育，直到小猪出生。

以上试验的具体结果是，母猪生下32头小猪。这样诞生的猪幼崽，因为没有抑制肌肉生长的基因，体格不断变大。因为摄取的食物在消化过程中都用于了生长，几乎不生成脂肪，所以不会像普通猪那样长出肥嘟嘟的体型。它们出生8个月后，曾有13只小猪存活下来，遗憾的是只有一只被评估为"健康"。

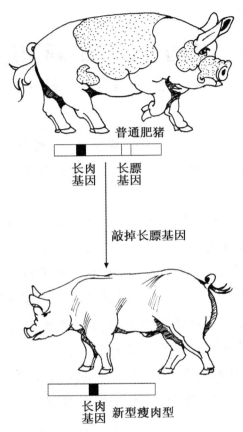

图 A05-1　新型瘦肉猪不长膘的原理

那么，我们或许要问，科学家用什么办法去除那个令人讨厌的
MSTN 基因呢？据报道，他们采用的是靶向基因敲除技术。这是当代
科学家创造的新技术，一般地说，是将一个 DNA 片段插入这类讨厌基
因内，这样一来那个讨厌的基因就失去了表达蛋白质的功能。也有科学
家通过插入某一种酶的基因，利用它所产生的酶来消化讨厌基因表达的
蛋白质。总而言之，它也是一项以基因为对象的操作技术。不同的是，

转基因是向生物细胞转入好的基因，敲除技术是给生物细胞剔除坏的基因。

　　其实，在这之前，科学家已经知道人类也存在肌肉过度生长的变异现象，称为"双肌肉变异"。研究发现，正常人体产生的肌肉抑制素是一种限制组织肌肉生长的蛋白质，如果这种物质的分泌受到抑制，或者人体无法对它作出反应，肌肉便会过度生长。不久前，人们发现两名患有双肌肉变异的儿童，天生拥有超人般的力量。其中一个是德国男孩，由于基因突变影响了肌肉抑制素的分泌；另一个是美国男孩，由于一种缺陷导致肌肉无法正常对肌肉抑制素作出反应。无疑，这两个世界上最强壮的男孩吸引了纪录片导演的注意。他们的肌肉力量远远超过同龄人，因而被称为"现实版的超人"。

　　科学家还注意到，自然界已经存在 MSTN 基因突变的牛、羊、犬等。在肉用牛中，有些个体具有所谓"双肌肉"性状，它们的肌肉组织比正常的牛要多 50％ 至一倍。那种突变牛已选育成新的肉牛品种，被世界几十个国家引进作为杂交改良的终端父本，育成的牛的肉质柔软、脂肪及胆固醇含量低、蛋白质含量高，因而被誉为"有益于心脏的牛肉"，很受欧美国家消费者青睐。然而，在自然界中尚未发现 MSTN 基因突变的猪，这正是中韩科学家上述研究工作的出发点。

✳ A06　精选胚胎可获得健康宝宝
——生命密码的选择

2013年5月，一对夫妻来到北医三院生殖中心就诊。患者是丈夫，他患有遗传病，曾经多次手术治疗，十分痛苦。就诊目的是请求医院帮助他们生一个健康宝宝，避免下一代也承受那般痛苦的折磨。

据检查，他的病因是某一对等位基因当中的一个发生了碱基缺失。或许大家都知道，碱基是生物遗传物质DNA的组成部分，就像是一部机器上必不可少的一个重要零件，不同的碱基序列组成不同的基因。倘若某个基因发生个别碱基的替换、插入或缺失，就有可能使这个基因不能正常执行功能而引发疾病。类似这位男患者患的这类单基因病，大部分具有致死性、致残性或致畸性。除了有一部分可以进行提前预防，或通过某些治疗方法进行校正之外，大部分目前还没有找到有效的治疗手段。患者的后代中，无论男孩女孩都有一定的可能性患同样的疾病，这对夫妻将来的孩子是否正常就看胚胎继承的是父亲那一对基因中的哪一个，是正常的一个呢，或是发生碱基缺失的那一个。因此，医院决定采用胚胎基因诊断的方法，帮助他们筛选具有正常基因的胚胎。

医院首先通过辅助生殖技术，也就是试管婴儿技术，将妻子的卵细胞同丈夫的精子，在试管里进行融合，结果获得了18枚质量好的胚胎。

接着，利用显微操作技术，从这些胚胎中获得了极少量细胞。然后，采用他们研究团队研发的最新技术，将这些极少量胚胎细胞中的DNA均匀扩增上百万倍，用以满足基因分析对样本规模的需求。

在这基础上，研究人员检查了上述胚胎细胞，观察其中染色体的数

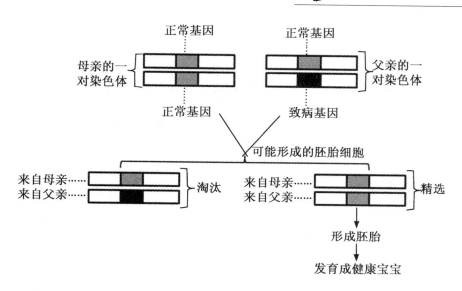

图 A06-1　精选早期胚胎

目和结构有没有异常;同时准确地、单位点地检测了关键基因的 DNA 分子结构。最后发现,这 18 枚胚胎中只有 3 枚胚胎是完全正常的,也就是基因既不包含致病位点又不包含新发现的突变位点,同时染色体数目和结构也都正常。

2013 年 12 月,3 枚胚胎中质量最好的 1 枚,被移植到那位遗传病患者妻子的子宫内,结果胚胎成功着床,发育正常。随后,抽取孕妇羊水细胞,也就是胎儿正常脱落、漂浮在母体内的细胞,用以进行染色体及其携带的关键基因的检测,确认了胎儿的染色体及其携带的关键基因都正常。

2014 年 9 月,孕妇顺利分娩。婴儿体重 4 030 克,身长 53 厘米。随后,对脐血细胞的基因检测再次证实,婴儿不含致病位点。至此,夫妻二人终于拥有了一个健康的宝宝。

❋ A07 父母怎样传输生命密码给子女
——生命密码的复制和传递

科学家已经用许多实验证明了，我们从父母那里直接继承的是他们的 DNA。DNA 是一种化学物质，不同的 DNA 分子具有不同的化学结构。我们的身躯是按照各自父母 DNA 的化学结构建造起来的。我的相貌像我的父母，你的相貌像你的父母，这是因为你父母的 DNA 化学结构和我父母的 DNA 化学结构有所不同。这些互有区别的 DNA 化学结构，就是不同的遗传信息，或者叫作不同的生命密码。

那么，父母的生命密码是怎样传递给我们的呢？这就要说到承载密码的 DNA 的功能了。首先，DNA 能够自我复制。也就是说，一个 DNA 分子能够变成两个 DNA 分子，这两个新产生的 DNA 分子，化学结构彼此相同，并且也和复制前的那一个 DNA 分子相同。我们通常把复制前的那个 DNA 叫作亲 DNA，把复制后产生的两个新 DNA 叫作子 DNA。就分子水平上来说，它们之间可以说是亲子关系，上下代的关系。这亲子 DNA 之间，因为分子结构相同，所以携带的生命密码相同。这就为亲代的性状重新表现于子代，奠定了物质基础。

那么，子 DNA 又是怎样将生命密码带给子代的呢？依靠的是细胞分裂。我们知道，生物体从小到大的生长，靠的是细胞数目的增加，而细胞数目的增加靠的是细胞的不断分裂，一个变两个，两个变四个，四个变八个……，每一次分裂形成的两个新细胞叫作子细胞，原来那一个旧的细胞叫作亲细胞。就细胞水平上来说，亲细胞和子细胞之间是上下代的关系。在这个过程中，DNA 分子也同步地复制，并且及时地将新形成的

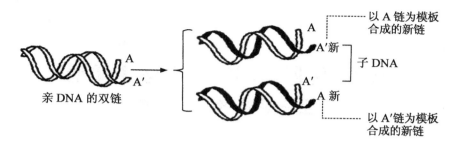

以A链为模板
合成的新链

A'新　子DNA

A新

以A'链为模板
合成的新链

A

亲DNA的双链

图 A07-1　DNA 复制

子 DNA 分配到新形成的子细胞里。

因此,在生物体的生长过程中,细胞与细胞之间,它们 DNA 的化学结构一般彼此相同,都携带着相同的生命密码。在生物体达到性成熟形成性细胞之后,这些和亲代相同的生命密码,就被性细胞通过受精传给下一代生物体了。父母的生命密码就这样传递给了我们。

总之,因为 DNA 具有自我复制的本领,所以生物的生命密码才有可能稳定地带给下一代生物体,父母的生命密码才有可能稳定地传递给我们。

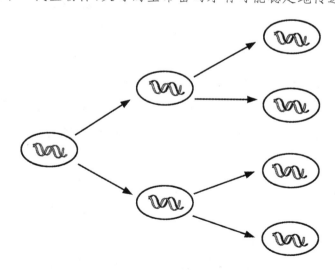

图 A07-2　细胞的分裂、增殖

✱ A08 生命密码怎样表达生命现象
——生命密码的转录和翻译

科学家研究的结果告诉我们,一种简称为 DNA(脱氧核糖核酸)的化学物质,承载着生命密码,通过自我复制,随着细胞的不断分裂、增殖和雌雄性细胞的结合,一代又一代地往下传。那么,在每一代的生长发育过程中,这些密码是怎样释放出来,表达出各种各样的生命现象的?也就是说,我们在接受了密码之后,从胚胎到出生,再从出生到生长、发育、成熟到衰老,这一路走过来,密码是怎样起作用的? 这就要说到DNA,除了能够自我复制之外的另一种本领了。

DNA 的这另一种本领叫作表达蛋白质。刚才所说的生命密码,实际上就是 DNA 里贮存着的蛋白质信息,就好比是设计某种蛋白质的方案,某一段 DNA 具有什么样的结构,就将会制造出什么样的蛋白质。例如,某一种结构的一段 DNA 会造出骨骼,另一种结构的一段 DNA 会造出肌肉,骨骼和肌肉是结构互不相同的蛋白质。

从 DNA 的设计方案到蛋白质产生的过程,包含前、后两个步骤,前一步叫作转录,后一步叫作翻译。其实,转录和翻译都是生物细胞里发生的化学反应。

转录,是把 DNA 设计方案里的信息抄录成为 mRNA(信使核糖核酸)的形式,像是按照设计方案来制作蓝图。如果说,设计方案是用汉字表述的,而蓝图是用几何图形构成的,那么,转录就好比是将汉字表述的内容转变为几何图形的过程,形象地说就如同按照设计一座四合院的一段文字,来绘制施工用的平面图。

转录完成之后接下来的翻译,就像是按照这张蓝图在车间里生产蛋白质。说白了,翻译这个步骤实际上就是按照蓝图的提示,选用细胞里存在的各种氨基酸,按照某种排列顺序组成某种蛋白质,形象地说就如同按照施工平面图的要求选择各种建筑材料建造出四合院的实体。

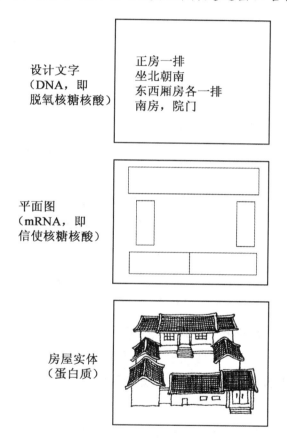

图 A08-1　基因转录和翻译的形象比喻

转录和翻译最终产生的这些蛋白质,所包含的氨基酸的种类和顺序,归根到底取决于 DNA 的碱基种类和排列顺序。它们将直接或间接决定生物的性状。

这样产生的各种蛋白质中,有的直接表现为生物性状。例如,萤火虫的某一段DNA能够通过转录和翻译产生荧光素酶,使萤火虫能够在夜里发出荧光。又例如正常人的某一段DNA经过转录和翻译之后,能产生正常的血红蛋白,具有输送氧气、二氧化碳的功能。如果某段DNA的结构出了问题,结果产生的将是不正常的血红蛋白,显微镜下看到的红细胞将不是正常的碟形,而是镰刀形的,它缺乏运输功能,医学上称为镰刀形贫血症。

但是,DNA经过这样转录和翻译产生的蛋白质中,有一类并不直接体现为生物体的性状,它们是属于酶的一类物质。这些酶类的作用,是催化细胞里的各种化学反应。例如,植物细胞在翻译出某种酶之后,在这种酶的催化之下才能产生赤霉素,有了赤霉素之后,植物茎秆才能伸长。所以我们说,这些酶类是用于间接表现生物体性状的。

萤火虫也一样。它会发出荧光是因为它的尾部细胞里具有荧光素和荧光素酶,但是,这两种物质都不是DNA,不具有自我复制的本领,因而不能直接带给下一代。下一代萤火虫的荧光素和荧光素酶,是依靠这个子代萤火虫自己细胞里的DNA制造出来的,也就是依靠DNA这个生命密码,经过转录和翻译制造出来的。

总之,DNA除了能够自我复制以外,还能够通过转录和翻译生成蛋白质。正因为DNA具有这后一种本领,它所贮存的生命密码才得以表达出生命的现实,体现为生物体的性状。也正因为DNA具有这后一种本领,我们从父母那里继承的DNA才能按照它的结构塑造我们,让我们不仅长得像父母,而且还能像父母那样活蹦乱跳、能说会道,表达出各种生命现象。DNA这种复制和表达的过程,从受精卵开始,一直存在于和延续到我们出生、成长、上学、工作、恋爱、结婚、生育、养老的过程,以及生病、运动、娱乐、交友等方面,乃至度过自己的一生。

❋ A09　五颜六色的天然丝绸从哪里来
——生命密码产物之一：结构蛋白

　　说起蚕丝，大家都不陌生，并且自然会联想到既暖和又轻巧的丝绵被、丝棉袄，甚至丝棉背心、丝棉手套。可是未必每个人都知道，蚕丝的主要成分是丝心蛋白。家蚕为什么能吐出丝来？这是因为它拥有丝心蛋白基因，这个基因经过细胞里先后发生的两种化学反应，就会产生丝心蛋白。这个基因就好比是丝心蛋白的设计方案，那两种化学反应就好比按照设计要求编绘蓝图，接着又按照蓝图制造出丝心蛋白来。遗传学将前一个反应叫作转录，后一个反应叫作翻译。据科学家研究，家蚕的一个小小的体细胞，在短短的几天时间之内，就能产生 100 亿个丝心蛋白分子。它是家蚕细胞结构的主要成分。生物学通常将构成细胞主要成分的蛋白质统称为结构蛋白。

　　更能令人感兴趣和赏心悦目的是，现在的家蚕不同品种还能分别吐出五颜六色的天然蚕丝来。这说明这些不同品种家蚕的有关基因存在差异。据研究，蚕丝颜色受几十对基因控制，原本可以表现白、黄、浅黄、浅橙、紫和绿等颜色，表现出哪种颜色取决于给蚕饲喂桑叶时，蚕所能够摄取的自然色素。日本科学家发现，蚕的原始祖先所具备的 Y 基因能够制造出"类胡萝卜素结合蛋白"，使蚕能从桑叶中摄取黄色的化合物，即类胡萝卜素，从而吐出黄颜色的蚕丝。然而，传统家蚕正是缺损 Y 基因当中的一段 DNA 序列，不具备结合类胡萝卜素的功能，因而表现为只能吐出白颜色的蚕丝。科学家将原始的 Y 基因转入家蚕细胞之后，才培育出了能吐出黄颜色蚕丝的家蚕新品种。

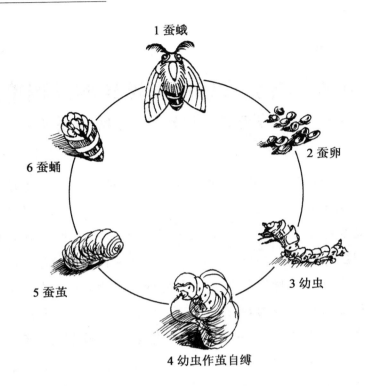

图 A09-1　蚕的发育过程

目前,我国科学家利用家蚕种质资源库中的天然有色基因,获得了天然彩色茧的育种材料,进一步选育出了天然彩色茧实用蚕品种系列,这些不同品种的蚕茧,天然地分别具有红、黄、绿、粉红和橘黄等颜色。

众所周知,将白色蚕丝进行人工染色虽然也能够获得不同颜色的蚕丝,但是存在种种弊端。例如,化学染色会产生大量加工废水,丝绸产品会残留化学染料和药物。又例如,为了获得丝绸的柔滑质感,必须清除掉占生丝重量 20%～30% 的表面丝胶蛋白质。以我国年产生 10 万 t 丝计算,每年被清除而流入水体的丝胶蛋白质超过 2 万～3 万 t,价值将近 200 亿元人民币,造成极大的资源浪费和环境污染。

如果普遍采用天然彩色蚕丝,则不仅可以避免产生这些弊端,而且由于天然彩丝织成的丝绸面料没有经过染色这一步骤,比一般彩色面料更为安全无害,适合生产内衣等贴身衣物。经过对色素含量变化的测定、抑菌试验、抗氧化活性的测定比较试验,证实了天然彩色茧比白色茧具有较高类胡萝卜素和黄酮色素含量,具有更好的抗真菌、抗氧化和防紫外线的功能,因而具有更好的皮肤保健功效。

然而,有了彩色蚕茧并不等于就有了彩色蚕丝,因为这中间还需要经过缫丝过程,需要进一步解决蚕茧在其中被氧化而褪色的难题。相信在不久的将来,随着这个技术难题的解决,红、黄、绿、粉红和橘黄等颜色的平价天然蚕丝织品,将会琳琅满目地在超市的货架上闪亮登场。

❋ A10 煤气中毒是怎样发生的
——生命密码产物之二:运输蛋白

以前,我国许多地方,不论城市或乡镇,一到冬季都普遍需要烧煤取暖,不时会听到煤气中毒的传闻,有些朋友甚至有过亲身经历。所谓煤气中毒,实际上是一氧化碳中毒。凡是含碳的物质,例如煤气、煤等,在燃烧不完全的时候都会产生一氧化碳,由于它是无色、无臭、无味的气体,因而容易被人们忽略而发生中毒事件。

那么,煤气中毒是根据什么样的原理发生的呢?

原来,人类和脊椎动物的血液里存在着大量的红细胞,红细胞内含有大量血红蛋白,血红蛋白的主要功能是携带氧气和二氧化碳。在正常情况下,它同人体肺部吸收进来的氧气结合,生成氧合血红蛋白,经过动脉将氧气随血液运输到全身各处,供给细胞进行有氧呼吸;同时,又能和细胞有氧呼吸产生的二氧化碳结合,经过静脉运输到肺部,再通过呼吸将二氧化碳排出体外。

科学家告诉我们,血红蛋白分子中有铁离子,通常情况下氧气就结合在铁离子上。但是,一旦冬季居室通风不畅,烧煤的时候因为氧化不充分而产生的一氧化碳就会弥漫在室内,被吸入肺部时,能够通过肺泡进入血液,和血红蛋白结合而生成碳氧血红蛋白,由于一氧化碳与血红蛋白的亲和力远大于氧气,是氧气的 210 倍,而且结合之后很难重新分离,所以被一氧化碳结合的血红蛋白就丧失了运输氧气的能力,从而引起人体组织急性缺氧,造成当事人发生昏迷乃至窒息死亡。这就叫作一氧化碳中毒,也就是通常说的煤气中毒。

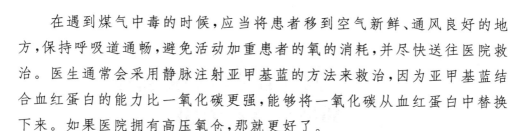

　　在遇到煤气中毒的时候，应当将患者移到空气新鲜、通风良好的地方，保持呼吸道通畅，避免活动加重患者的氧的消耗，并尽快送往医院救治。医生通常会采用静脉注射亚甲基蓝的方法来救治，因为亚甲基蓝结合血红蛋白的能力比一氧化碳更强，能够将一氧化碳从血红蛋白中替换下来。如果医院拥有高压氧仓，那就更好了。

　　我们以上提到的血红蛋白，是血红蛋白基因表达的产物，它属于具有运输功能的蛋白类，称为运载蛋白。我们血液里还有其他种类的运载蛋白，分别由不同结构的蛋白基因表达。各种运载蛋白同它所运载的分子之间具有特异性结合的位点，能够分别运输不同类型的化学物质，例如分别运载糖、氨基酸，核苷酸等。

❋ A11　为什么牛羊同吃青草，却挤出不同的奶

——生命密码产物之三：酶

"吃进青草，挤出牛奶"。你还记得赞颂奉献精神的这句格言吧？我们今天倒是只讨论它的生物学含义。

牛吃进去的是青草，挤出来的是牛奶。那么，羊呢？它吃进去的也是青草，甚至可以是同一种青草，然而，挤出来的是羊奶。羊奶和牛奶之间，味道不同，各种营养成分也存在差异。据测定比较，牛奶的蛋白质含量为 $2.7\% \sim 3.7\%$，其中酪蛋白含量占总蛋白的 85%，α-S1 酪蛋白的含量占总蛋白的 43%，β-乳球蛋白的含量是羊奶的 2 倍多。羊奶蛋白质较牛奶稍高，但是其中酪蛋白占 75%，α-S1 酪蛋白占总蛋白的 $1\% \sim 3\%$，β-乳球蛋白的含量比牛奶低。羊奶的不饱和脂肪酸较牛奶高 1 倍，牛奶则是叶酸较羊奶高 4 倍，羊奶维生素 C 含量为 $1.29\ \mathrm{mg}/100\ \mathrm{g}$，牛奶维生素 C 含量才 $0.94\ \mathrm{mg}/100\ \mathrm{g}$，而且羊奶中矿物质较多，总含量为 0.85%，其中钙、磷含量较牛奶多 20%，牛奶中矿物质含量为 0.72%，钙占了全部矿物质的 45%。

这就说明，从青草到牛奶，从青草到羊奶，分别经历了不尽相同的改造过程，这个过程把同种饲料的蛋白质等物质改造成了成分互不相同的蛋白质，并且含有比例互不相同的其他营养物质。就其中的蛋白质来说，青草到了动物的消化器官里，其中的主要成分——蛋白质，都水解成了各种氨基酸，然后，牛以牛的基因为模板合成了牛奶，羊以羊的基因为

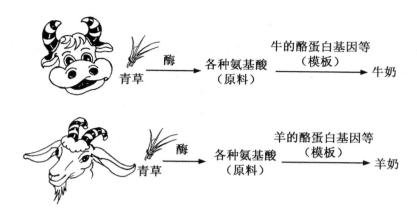

图 A11-1 牛、羊同吃青草，各自分泌牛、羊奶

模板合成了羊奶。但是，其中经历的各个环节，不论是水解还是合成，都离不开酶的作用。

如果要问，各种酶又是哪里来的呢？那是来自动物本身的酶基因，也就是说，动物的某些 DNA 的化学结构好比是制造某些酶的设计书。帮助水解青草蛋白质，和帮助合成牛奶、羊奶的那些酶，分别是各种不同的酶基因表达的结果，可以比喻为各种不同的设计书分别付诸实施的结果。

我们人类也一样。我们有水解蛋白质的各种酶。胃腺分泌的胃蛋白酶和胰腺分泌的胰蛋白酶，能催化蛋白质水解成多肽链，再由肠腺分泌的肽酶催化多肽链水解成为氨基酸。我们知道，多肽链是各种氨基酸排列而成的分子链，蛋白质是多肽链折叠而成的立体结构。

总而言之，我们吃进身体的蛋白质将会被这些酶打碎，水解成相互独立的许多单个的氨基酸，而且是各式各样的氨基酸。这些氨基酸正是合成我们人体自己的各种蛋白质的原料。但是，这些氨基酸不会再按照原来的顺序排列了，而是按照我们人体各种结构基因指定的顺序重新排列,从而分别产生我们自己的各种蛋白质,例如骨骼蛋白、肌动蛋白、血红蛋白、神经蛋白等。所以,产妇如果哺乳期间喝牛奶或羊奶,她自己分泌和喂给初生婴儿的,却照样还是母奶,地地道道的人奶。再说句笑话,我们不论吃进多少蘑菇,却不会因此在我们身上长出哪怕一丁点蘑菇来,呵呵!

✳ A12   屡禁不止的竞技兴奋剂
——生命密码产物之四:激素

　　20世纪以来,国内外体育竞技场上有几类药物,作为兴奋剂被违规使用,屡禁不止。尽管药物名目繁多、花样翻新,其中使用频率高、范围广的,大致可以归属为生长激素、促红素和类固醇这三大类。前两类统称为激素,通常指人、动物的内分泌物质,它能直接进入血液分布到全身,对肌体的代谢、生长、发育和繁殖起重要作用,俗称"荷尔蒙"(hormone)。

　　人类天然的生长激素在脑垂体形成和分泌,是生长激素基因表达产生的蛋白质,能促进人体骨骼、肌肉的生长,因此医学上采用生长激素药物治疗侏儒症。然而,又由于它能促进合成代谢,从而使人肌肉强壮、肌腱力量增加,获得竞技优势,所以多年以来常被违规用作举重、田径等项运动员服用的兴奋剂,并且由于检测技术滞后而很少被查出。其实,使用这类药物存在巨大的健康风险,例如肢端肥大、畸形,伤害肝和骨,引起糖尿病,月经紊乱,性欲减退和阳痿,甚至容易感染艾滋病等,目前还有因为使用生长激素而感染脑病毒致死的记载。

　　人体天然的促红素由肾脏分泌,是促红素基因表达产生的蛋白质,能增加骨髓生成的红细胞数量,提高血红蛋白含量,增加血液携氧、供氧能力,因此医学上采用促红素药物治疗肾性贫血。又因促红素药物能显著提高有氧运动时间,而受到一些运动项目和运动员的青睐。这种药物对于需要耐力的项目如自行车、铁人三项、赛艇、长距离游泳、长跑以及冬季项目等,有利于增加训练耐力和训练负荷,提高成绩效果明显,据说最大可提高15%的成绩。并且,它在目前的反兴奋剂检查中还检查不出来，所以仍然被经常使用，甚至有人会给一个运动员使用 5 倍于一个严重病人的剂量。由于违规服用这种兴奋剂，曾在 20 年里导致 24 名自行车运动员死亡。促红素药物导致死亡的具体原因是额外增加了血液中的红细胞数量比，使血液黏稠，血流缓慢，引发高血压，造成组织缺氧，凝血加快，甚至导致静脉血栓、心肌梗死、肺栓塞或脑梗死。

图 A12-1　兴奋剂的滥用

除此之外，非蛋白类的合成类固醇药物，作为兴奋剂使用的频率最高，范围最广。该类药物一般是人工合成的雄激素或其衍生物，在医学上用于无睾症的替代治疗，和男性更年期综合征、阳痿等疾病的治疗。由于它能使运动员体格强壮，肌肉发达，增强爆发力，促进训练后的恢复，还有助于增加训练强度，因而常被短跑、游泳、自行车、滑雪等运动员使用，某些运动员的使用剂量甚至会达到医学治疗剂量的 250 倍。但是，它们潜在的毒副作用也很大。男性运动员如果长期或过量使用会导致内分泌紊乱，抑制自身雄激素的分泌，以致产生阳痿、睾丸萎缩、阴茎短小、性欲低下、精子生成减少甚至无精子等症状，从而影响生育；还会出现性格改变、肾功能异常、乳房增大和早秃现象。女性运动员长期使用该类药物会引起脱发、性功能异常、月经失调、闭经、不孕，还会出现声音变粗、肌肉增生、多毛、长胡须等男性体征，即使停药也不可逆转。不论男女运动员，最严重的危害是诱发高血压、冠心病、心肌梗死和脑出血，以及肝癌、肾癌等。

实践证明，使用兴奋剂会对人的身心健康产生许多直接的危害。令人担心的是，许多有害作用要在数年之后才表现出来，即使是医生也分辨不出哪些运动员正处于危险期，哪些暂时还不会出问题。使用兴奋剂的危害不仅是生理上的，而且还有心理上的。运动员使用兴奋剂是一种欺骗行为，因为兴奋剂使体育比赛变得不公平，运动员们不再处于平等的同一起点，不符合诚实和公平竞争的体育道德。因而，国际舆论一致谴责服用兴奋剂的行为。据不久前报道，2015 年 11 月 9 日世界反兴奋剂机构（WADA）发布最新调查报告，证实俄罗斯田径协会存在大规模使用兴奋剂的情况，要求对涉事运动员加以禁赛，接着国际田联投票决定暂停俄罗斯田协的会员资格，俄罗斯田径运动员被禁止参加包括田径世锦赛和奥运会等在内的一切赛事，直到相关禁令解除。

尤其令人担忧的是，服用兴奋剂的歪风不仅存在于赛事当中，而且蔓延到了训练过程。由格里菲斯大学和堪培拉大学开展的一项对 900 多名初级运动员的调查中表明，有 4% 的被调查运动员已经服用了提高运动成绩的药物。2014 年 7 月，有关研究还表明，澳大利亚 12 岁大的小运动员正在使用提高运动成绩的药物，因为"他们希望能够做到像他们的运动偶像一样"。

但是，我国对兴奋剂的检查数量从 1990 年的 165 例大幅度增加，近年始终保持在每年 15 000 例左右。同时,检查质量和有效性不断提高,兴奋剂违规行为日渐减少,阳性率逐年降低,从 1990 年的 1.8% 降到目前的 0.2% 左右,大大低于国际平均阳性率(1%)。世界反兴奋剂机构及其他国际组织领导人多次在公开场合称赞说:"中国是世界反兴奋剂的楷模"。

还应当提到,兴奋剂不仅关系到运动员,而且和我们通常服用的药物有关,因为有一些常用药里可能含有"兴奋剂"的成分。在医嘱范围内服用时,这些药物的副作用很小。例如,曲美他嗪原本是用于预防心绞痛发作,保护心肌细胞,缓解心肌缺血症状的药物。只因大剂量服用能提高运动员的成绩,从 2014 年 1 月开始,这种药物在赛内禁用。也就是说,这种药物只能在运动员比赛之外,作为正常治疗药物使用。2015 年有新闻报道说,我国某运动员因为曲美他嗪检查阳性而遭到禁赛处罚,这件事在体育界和社会上引起了广泛的关注。真相如何呢?原来是这位运动员既往有心肌炎病史,需要服用该药治疗。在 2014 年之前,该药还不在体育比赛禁用目录之内,因而他经常服用,用于改善心脏症状。

✳ A13 蚂蚁窝的里里外外
——生命密码的间接产物:信息素

一只蚂蚁发现食物时,能够召集同住一窝的一大群同伴组成漫长的运输队伍,安全、有序地将食物搬回窝里,靠的是什么呢?主要就是蚂蚁释放到体外的各种信息素。这些信息素属于固醇类激素,但是它分泌到体外,作为同种生物个体之间交流的化学语言。群居的昆虫能释放各种信息素,例如聚集信息素、告警信息素、示踪信息素、标记信息素,以及性信息素等。这些信息素是经过一系列生物化学反应产生的,归根到底离不开生命密码(基因)的作用,是基因表达的间接产物,但不是基因直接表达的蛋白质产物,这是我们应当正确区别的。

虽然常见蚂蚁分散四处觅食,但只要有谁发现了食物,除了赶紧衔一小块回巢去之外,沿途还会记得分泌出芳香讯号,用以紧急通知同伴前来支援。附近闻到香味的蚂蚁会一路嗅着这条芳香路线找到食物,每只蚂蚁衔一小块食物,通力合作将所有食物搬回窝巢。由于一同前去的蚂蚁都散发出气味,这就使来回的路上成了"气味长廊",成群蚂蚁就会沿着这条长廊忙碌地搬运食物,这些沿着香味移动的蚂蚁就形成了一排漫长的队伍,有秩序地前行。蚂蚁分泌的这种芳香物质就是信息素,由于它的挥发性大,几分钟过后,食物都运回了窝巢,香味也就消失了,不会再有蚂蚁前来。

现在让我们再进到蚂蚁窝里去瞧瞧吧。蚂蚁一般以一窝为一个家庭。一窝蚂蚁一般有500~2 000只,一年可繁殖分出15~25窝。一窝中同时存在蚁后(雌性)、蚁王(雄性)、兵蚁和工蚁。工蚁专门筑巢、觅

蚂蚁搬家

图 A13-1　蚂蚁按照信息素的分布搬运食物

食、育幼等,数量最多;兵蚁负责保卫群众安全,数量较少。蚁后上颚腺能释放"女皇信息素",又称"女皇物质"。这种"女皇物质"散发在蚁群内,能够抑制工蚁的卵巢和生殖系统的发育,使工蚁专心致志于除产卵外的一切群内外工作。兵蚁的主颚腺分泌物也是一种信息素,起的是防卫、报警作用,所以叫作报警信息素。工蚁的直肠附近有一个直肠腺能分泌示踪信息素,混在粪便中来标记蚁群的领地;腹腺分泌物起着对近距离物体的定位作用;毒囊附近有一种杜氏腺,其分泌物起报警、召集作用,常和毒液一起从螫针分泌出来。蚂蚁还能利用气味辨别谁是同族,谁是异族。如果误入异族巢穴被发觉,它的命运可就悲惨了。

✳ A14　为什么注射疫苗能免疫
——生命密码产物之五：抗体和抗原

相信朋友们至少都听说过"免疫"这个词,意思是由于具有抵抗力而不患某种传染病。这种抵抗力,有的是先天就有的,也有的是得过病或预防接种后才有的,但免疫的本质都是抗体和抗原发生化学反应的结果。

那么,抗体和抗原是什么呢？其实,抗体和抗原都是在生物基因的DNA密码指导下制造出来的特种蛋白质分子。抗体这种蛋白质分子能够杀死入侵的病原物,但是一种抗体只对一种病原物起作用。那种病原物用以侵犯生物体的蛋白质分子就叫做抗原。一种抗原只能使生物体产生相应的一种抗体。科学家告诉我们,不同的抗体分子之间具有互不相同的结构,能分别辨认、结合和消灭不同的抗原。我们人类和动物正是运用这种防御机制,来对付各种细菌和病毒的感染。

细菌和病毒这样一些病原物,分别具有各自不同结构的致病蛋白基因,能制造出它们特有的致病蛋白,也即是它们特有的抗原。由于抗原不同,所以分别具有不同的寄主范围,例如,虽能感染某一种动物,但不能感染另一种动物。但是,当这些病原物的致病蛋白基因发生变异的时候,寄主范围有可能随之发生变化。例如,若干年前肆虐各地的禽流感病毒(已知其遗传物质为 RNA)存在多种变异类型,有的只感染禽类,有的能同时感染禽类和人类。这有可能是因为,人类的抗体只对禽流感病毒当中的部分类型具有免疫作用,而对另外一种类型是敏感的。

表 A14-1　疫苗的特异性

病毒变种	疫苗种类	
	抗变种 A 的疫苗	抗变种 B 的疫苗
变种 A	人体表现免疫	人体不表现免疫
变种 B	人体不表现免疫	人体表现免疫

又例如，乙型病毒性肝炎是由乙型肝炎病毒（HBV）引起的一种世界性疾病，在发展中国家发病率比较高。据 2009 年报道，我国约有乙肝患者 3 000 万人。乙肝疫苗的应用是预防和控制乙型肝炎的根本措施，适量接种灭活的乙肝病毒之后，由于乙肝表面抗原（虽然是灭活的）的"警示"，人体会产生相应的抗体，好比边境发现几个负伤的敌兵时，解放军就会动员起来准备迎击来犯之敌。这样产生的抗体，就是对乙肝病毒免疫的保护性抗体，血清中乙肝表面抗体浓度越高则保护力越强。

值得注意的是，乙肝表面抗体检验结果呈阳性时，有几种可能原因。一是接种过乙肝表面抗原，使人体产生了相应的抗体。二是虽然没有接种该疫苗，但以前感染过乙肝病毒，所以人体内有了乙肝表面抗体，而且病毒已经被该抗体清除。三是有少数人乙肝表面抗体呈阳性却又发生了乙型肝炎，这就有可能是因为受到不同亚型乙肝病毒的感染；或者是因为原来的乙肝病毒发生了变异。在这种情况下，就需要研制和应用新的疫苗了。目前我国各地普遍使用的流行性感冒病毒疫苗，就是针对不同年份流行不同流行性感冒病毒变种而年年更新的。

✳ A15 科素亚和立普妥怎样降血压和降血脂

——生命密码产物之六:受体

人体基因表达的各类蛋白质分子中,有一类叫做"受体"。其中,能和人体分泌的激素特异性结合的受体称为激素受体,能和药物特异性结合的受体称为药物受体。这些激素或药物,在和各自的受体结合之后才能在人体细胞里发挥作用。

举例来说,有一类抗高血压药,例如洛丁新、科素亚和必洛斯等,被统称为"血管紧张素酶抑制剂"(简称 ACEI),就是结合特定的受体才起到降低血压作用的,它们所特异性地结合的药物受体名叫 ATI 受体。

原来,血管紧张素酶在人的多种器官能够同这种 AT1 受体结合而引起血管强烈收缩和平滑肌细胞增生,以致血压升高;而上述 ACEI 类药物能够选择性地结合 AT1 受体,从而抑制血管紧张素酶同那种受体的结合。因此,足够剂量的药物才能竞争得过血管紧张素酶去和那些受体结合,从而有效地降低血压,例如有些患者每天服用 50mg 的科素亚就可以将血压维持在 $130\sim140/80\sim90$ mmHg 之间;而对于另一些患者来说,则需要每天服用 100 mg 的科素亚才能将血压降到 140/90 mm Hg,表现为不同患者对同一种药物具有不同的敏感程度。

此外,目前广泛使用的一种强降血脂药物叫作阿托伐他汀钙片,商品名称叫作立普妥。在 2011 年全球最畅销的 20 种药品中,阿托伐他汀钙片居于首位,达到 133 亿美元。立普妥降血脂的治疗作用是多方面的,其中一种作用也同受体有密切的关系。它能增加肝脏细胞表面的低

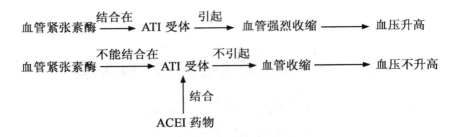

图 A15-1　血压升高和药物降血压的原理之一

密度脂蛋白（"坏胆固醇"）的受体数目,从而更有利于肝脏对这些"坏胆固醇"的吸收和分解。

　　通过以上介绍,我们已经知道,许多药物是在和细胞里相应的受体结合之后才发挥治疗作用的。能够同药物结合的受体称为有效受体。但是,细胞里有效受体的数量有限,在同药物的结合达到饱和时产生最大效应,倘若这时再增加药物浓度,就不可能有更多的受体被结合,药效也就不会再增加了。

✳ A16　玉米籽粒上的彩绘
——调控基因一

我们通常看到的玉米籽粒是清一色的,如白色、黄色、红色或紫色,同一个籽粒上一般不会呈现不同的颜色。但是,长年种植玉米的人们曾经注意到,有些玉米籽粒会呈现出彩绘似的花斑,仿佛是一件天然艺术品。从事玉米遗传研究的美国女科学家麦克林托仔细观察和研究了这种现象,结果发现,它是基因发生跳跃造成的。具体地说,玉米细胞核里有一种能够移动位置的基因,当它处于籽粒有色基因附近时,能关闭有色基因,使籽粒表现无色;当它离开这个有色基因时,有色基因正常表达,籽粒表现有色。如果这种跳跃基因在玉米胚乳发育过程中发生反复的跳跃,就会使得同一个籽粒的胚乳上,产生有色(紫色或红色)与无色(白色)相间的结果,从而形成彩绘似的花斑籽粒。她认为,这种跳跃基因在这里实际上起了调控玉米籽粒色泽的作用。

但是,那时候一般都认为基因只能占据固定的位置,而不可能移动,这位科学家的超前发现并没有得到科学界的认同。1951年在美国冷泉港举行的学术年会上,她做完报告之后只有3个人感兴趣并向她索要论文稿。而且,由于经费的限制,她的论文稿是自己油印的。在生物是否存在跳跃基因的学术争论中,她一时处于少数,承受着沉重的压力,但是科学真理实际上在她这一边。

后来,其他一些科学家从玉米中分离出了那种跳跃基因的 DNA 片段,测定了它们的碱基排列顺序,又陆续证实了基因跳跃现象在病毒、细菌、真菌以及多种动、植物中普遍存在。而到目前,在这些生物中发现的跳跃基因已有上千种之多。甚至还有报道说,人类每个细胞核所包含的DNA,有35%以上的DNA片段属于跳跃基因,起着启动或关闭结构基因(表达蛋白质的基因)的调控作用,其中一部分是引起人类疾病的潜在病因。换句话说,许多基因的开放和关闭,其中包括一部分人类疾病的发生,同跳跃基因有关。

1983年,麦克林托终于获得了诺贝尔奖,这时她已经八十高龄了。她生活简朴、平易近人、兢兢业业、终身未婚,把自己的一生献给了科学研究事业。虽然她现在已经离开人间,但是她的事业和为人依然为世人所铭记和怀念。

✳ A17 转基因羊产的抗凝血药物为什么能集中在羊奶里

——调控基因二

科学家现在已经能使一头山羊成为一座制药车间,让山羊分泌含有特效药物的羊奶。目前已经成功的其中一种药,叫作抗凝血酶,它是抑制血液凝固的重要因子,用来治疗先天性缺乏那种酶、容易发生静脉血栓的患者。这种药已在 2006 年 6 月被欧洲医药评审局正式批准上市销售。

那么,这种山羊怎么能生产出药奶来呢? 它和普通的山羊有什么不同呢?

据报道,科研人员首先将两个不同的基因连接在一起。其中一个是人类的抗凝血酶基因,另一个是能控制那个基因表达的 DNA 片段(叫作调控基因)。接着,借助高倍显微镜,注射到山羊的单细胞胚胎的细胞核里。然后,将这个单细胞胚胎转入"代理妈妈"——一只母山羊的子宫里,让它继续发育。等到小山羊出生以后,就可以检测小山羊体内是否携带了抗凝血酶基因。如果有,那就说明这只小山羊是一只成功转基因的山羊,能够为人类生产抗凝血酶。

而且,山羊发育成熟后,抗凝血酶将会集中地只存在于她分泌的乳汁里,不至于因为在山羊全身到处分布而难以提炼。为什么呢? 这是因为,科研人员注射进去的那个调控基因,只允许抗凝血酶基因在乳腺(这个特定地点)分泌乳汁的时候(这个特定时间)表达。换句话说,那个调控基因本来是只能用以启动山羊泌乳的,而今同时又能启动抗凝血酶的表达。

图 A17-1 转基因羊产的人抗凝血酶怎样集中在羊奶里

另外还有报道说，目前已经有许多种通过类似途径得到的特效药物，例如治疗肺气肿、脑血栓、血管神经性水肿等的蛋白质药物，以及具有高营养价值的人乳铁蛋白、人乳清白蛋白等。这些药物或营养品集中存在于转基因的羊或牛的乳汁中，所以这些羊或牛的乳腺就叫作生物反应器。利用生物反应器生产这些药物，比起通过微生物发酵来，生产成本低得多。

根据山羊产药奶的道理，科学家们还纷纷研究如何利用植物作为生物反应器，来生产其他药物或营养保健品。也许在不久的将来，人们每天早晨吃上一块马铃薯就等于喝下营养全面的一碗人奶；幼儿高高兴兴吃一根特制的香蕉，就可以预防传染病，而不必哭哭啼啼怕打针了……而且，这些人奶将会集中在马铃薯的薯肉里，而不会因为分散在马铃薯的整个植株中而造成浪费。同样，药物将会只存在于香蕉的果肉里，而不会因为分散在香蕉树的根、茎、叶和果皮里而造成浪费。这是因为，科学家在制造这些生物反应器时，就已经设计好了，让调控基因正确地指挥人奶主要基因、抗原基因在该表达的时期和器官中产生，就好比在演出一台京剧时，京剧导演指挥生、旦、净、丑等各路角色，按照剧本的规定，分别只在该出场的时间和地点出场。

✳ A18　DNA 指纹怎样破解谜团
——基因外 DNA 序列

很多人都知道,风靡一时的一部英国小说里有个名探叫作福尔摩斯,他的缜密逻辑思维和多种侦查手段确实令人折服。但是,在科学技术如此发达的当代,加上"DNA 指纹鉴定技术"的应用,破案的效率和准确性想必会让福尔摩斯感叹自己望尘莫及、"小巫见大巫"了。

我们知道,人体的指纹特征,由于因人而异,而被长期、广泛地应用于追查犯罪嫌疑人,并且准确性的确很高。然而,它的应用也受到各种条件的限制,例如,作案时戴上手套的嫌犯就不会在现场留下指纹。目前刑侦部门采用的"DNA 指纹",指的是在人与人之间具有极高特异性的 DNA 序列,也就是说,利用的是人与人之间互不相同的 DNA 片段。

DNA 片段上有许多碱基。碱基是很小的化学原子团,一共存在 4种,分别简称为 A、T、G、C,它们以各种不同的排列组合组成不同的DNA 片段。通常的某一个基因,例如血红蛋白基因,虽然也是 DNA 片段,但在人与人之间具有基本相同的排列组合方式。正因为如此,刑侦部门不会通过检测基因来辨认嫌犯。用于辨认嫌犯的 DNA 片段属于"基因以外的 DNA 序列"。

基因外 DNA 序列　　调控基因　结构基因　　　　基因外 DNA 序列

图 A18-1　DNA 指纹存在于基因外 DNA 序列中

实际上，已知人类细胞核里"基因外 DNA 序列"的碱基数目，占细胞核总碱基数目的 70%～80%，并且存在多种形式。其中一种形式叫作微卫星 DNA，它们是个别碱基的简单重复，例如 CACACACACACA-CACACACACA，这里的 CA 重复了 11 次。这类微卫星 DNA 普遍存在于人类的染色体中，但是它的重复次数是人人不相同的。因此，刑侦部门办案的时候，如果发现嫌疑人的哪种微卫星 DNA 重复次数和犯罪现场采样的重复次数不一致，就有可能排除嫌疑。

这种微卫星 DNA 的重复次数，在同一个人的同一对（两条）染色体之间也是互不相同的，因为其中一条来自父亲，另一条来自母亲。如果检测某个孩子的某一对染色体的结果，其中一条和做父亲的相同，另一条和做母亲的相同，那就可以认为这个孩子确实是这一对父母所生了。妇产医院里偶有发生的疑似错抱婴儿的事故，失散多年的亲人需要认祖归宗，都能够通过这种 DNA 指纹鉴定得到解决。

还曾报道过一件民间案例。某地某富豪去世之后，社会上突然冒出一个他的"私生女"，在她"生母"带领下来到富豪家索要财产继承权。在发生争执的时候，那"母女俩"把"私生女"产生的过程讲得有鼻子有眼，以致许多人都受到迷惑。但最后，法院以 DNA 指纹鉴定结果为铁证，揭穿了这桩无耻编造"私生女"故事，企图占有他人遗产的骗局。

这种"DNA 指纹"还帮助过历史学家解决了法国历史上的一桩悬案。原来，法国资产阶级革命胜利的时候，被推翻的国王路易十六被推上了断头台，还没有成年的路易十七被革命党囚禁，最后病死在狱中，就地安葬。多年之后，保皇党传言路易十七已经逃亡国外，留在国内的墓主是他的替身。真相到底是怎样的呢？法国历史学界发生了多年的争论，最后是 DNA 指纹帮助他们了结了这场公案。DNA 指纹鉴定结果表明，那个墓主是路易十六的儿子，即路易十七本人。

其实，这种 DNA 鉴定技术并不复杂，实验材料可以少到一滴血、一滴唾液、一滴精液或一小块精斑,以及一根带发根的毛发,因为血液里有白细胞、淋巴细胞,唾液里有口腔黏膜细胞,精液(或精斑)里有许多精细胞,毛发的发根有毛囊细胞。这些细胞里都有细胞核,而 DNA 基本上都存在于细胞核里。虽然血液里的红细胞实际上并没有细胞核,但是实验人员能够从血液中存在的其他各种细胞的核里提取 DNA,然后采用 DNA 扩增技术扩增 DNA,得到数量足够的检测样品。

✳ A19　到底先有蛋还是先有鸡
——密码表达的时间和空间

很早以前就听说过这样一则笑话,说的是一对夫妻面对一箩筐鸡蛋商量着怎么发家致富。丈夫说,他准备孵蛋养鸡,养鸡生蛋,反复循环就会蛋越来越多,鸡也越来越多,每次卖出去赚来的钱自然也就越来越多,到时候生活就会过得越来越好。说到这里,妻子问他:"然后呢?"丈夫想了想,突然兴奋地冒出了答案:"然后讨个小老婆!"妻子听了火冒三丈,猛然站起来,抬起腿一脚踢翻了那一箩筐鸡蛋,结果全都碎了,碎的不仅是鸡蛋,并且还有他们的发家致富梦。

我们且不在这里讨论这则笑话给予我们的生活启示,而是着重关注一下"鸡生蛋,蛋生鸡"这样一个无穷循环里,到底是先有蛋还是先有鸡。这个有趣的谜题,千百年来百姓茶余饭后各执一词,"公说公有理,婆说婆有理",科学界的争论也长期难分胜负。

在这个问题的争论里,科学家们一般都倾向于先有蛋。例如在 21世纪初,一位基因学专家曾经认为,第一只鸡在诞生之前,是包在蛋里的一个胚胎,而那个胚胎的基因与生出来的这只鸡的基因是相同的,所以说先有蛋而后有鸡。一位哲学家还从哲学的角度支持那位基因学专家的观点,他指出,第一只鸡不可能是从其他动物所生的蛋中孵出来的,所以只能是先有鸡蛋才有鸡。一位研究恐龙进化为鸟类的古生物学者,在研究了恐龙蛋的化石之后,推论恐龙首先建造了类似鸟窝的巢穴,并且产下了蛋,这蛋孵化之后才能有鸟。而鸡也是这样进化来的一种鸟类,因此认为鸡蛋先于鸡之前就存在了。

　　直到 2010 年,英国两位科学家才报道说,他们终于破解了这个谜题,给出了"先有鸡"的明确答案。他们发现,鸡蛋壳的形成需要一种称为 OC-17 的蛋白质;他们并且掌握了这种蛋白质参与鸡蛋壳形成的过程。同时又发现,这种蛋白质只能在母鸡的卵巢细胞中产生,而不存在于鸡的其他细胞。因此得出结论,只有先有了鸡,才能有鸡的卵巢,从而才能够产生第一枚鸡蛋。

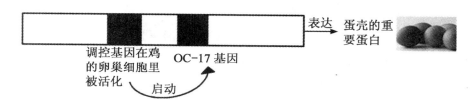

图 A19-1　鸡的 OC-17 基因只在母鸡的卵巢细胞表达

　　先有蛋还是先有鸡的问题,现在终于有了明确的答案。我们接着需要关注的,是答案所依据的关键性实验结果:那种称为 OC-17 的蛋白质,只在母鸡的卵巢中产生,也就是说,决定那种蛋白质的 OC-17 基因只在卵巢表达。不错,鸡的全身细胞都拥有完整的各种基因;可是形成蛋壳所必需的那种蛋白质却偏偏只在卵巢出现。这就说明,OC-17 基因的表达时间和地点是受调控基因控制的,就好比集中停留在车场的各路公交车,司机都必须听从调度员的指挥,发车的时间、路线和去向都有明确的规定。鸡也一样,鸡的调控基因只允许 OC-17 基因在成熟的鸡卵巢细胞里表达,换句话说,成熟的鸡卵巢细胞才具备 OC-17 基因表达的环境条件。

✳ A20　动物不结婚也能子孙满堂吗
——动物密码重新表达的潜能

1962年,英国一位富有创造性思维又勇于实践的科学家格登,以青蛙为实验对象,首先除掉了它卵细胞内的细胞核,用一个特化细胞(肠细胞)所含的细胞核取代。然后将这样改造过的卵细胞,在实验室条件下培养,结果发育成为正常的蝌蚪,其中一部分蝌蚪还发育成为成熟的青蛙。于是他认定,特化的肠细胞的细胞核所含有的遗传物质(DNA)仍然包含发育成为青蛙所需要的几乎全部信息。这样产生的青蛙,实际上是贡献肠细胞核的青蛙的复制品,所以叫作"克隆蛙"。我们早有耳闻的"克隆"一词,就是无性繁殖或者无性繁殖系(无性繁殖产生的后代)的意思。"克隆蛙"就是青蛙的无性繁殖系,也就是青蛙不经过雌雄交配这种有性过程,所产生的后代。

接着,这位科学家又将"克隆蛙"和普通的青蛙交配,结果"克隆蛙"正常地产下了新一代青蛙。这些新一代青蛙就被人们戏称为"没有外祖父的青蛙",因为它们的妈妈是"克隆蛙",而"克隆蛙"的诞生同受精无关。

这个科学故事告诉我们,例如肠细胞这样的特化细胞确实存在全能性。与此同时,我们还应该注意到,这个例子里的肠细胞核是在离开肠细胞质的环境,转移到卵细胞质环境里,并放置在实验室的适宜条件下,才表现出全能性的。它原来处于"沉睡"状态的全能性,是科学家格登改变了细胞内外环境之后才被"唤醒"的。

科学家格登的以上核移植实验是以两栖类动物为对象的。1997

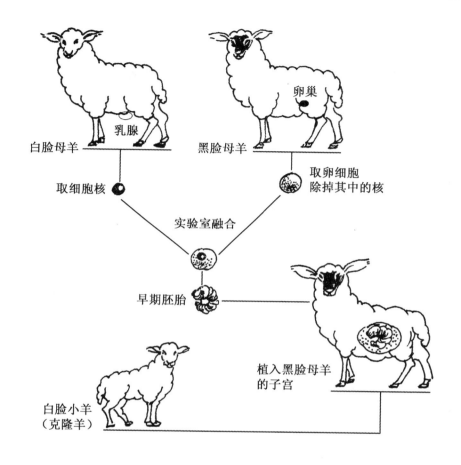

图 A20-1　克隆羊的由来

年,另外一位英国科学家威尔穆特则更进一步,以更为高等的生物——哺乳动物为对象,取得了核移植实验的成功。他将一只成年绵羊的乳腺细胞核置入另一只绵羊的去了核的卵细胞中,然后放到第三只绵羊的子宫中发育,产下了举世闻名的克隆羊"多莉"。后来"多莉"又通过正常交配产生了后代,引起全球科学界和舆论界的普遍关注,与此同时也引发了能否"克隆人"的争论。

这种动物克隆技术，可望用于繁殖家养畜禽中的优秀个体，例如用于繁殖产奶量特别高的个别母牛，产蛋量特别高的个别母鸡，蚕丝品质好和产量特别高的个别雄蚕等。这类家养动物的优秀个体，一般都是遗传上的杂合体，有性繁殖不可能得到性别、性状和它完全相同的一群后代，这和人类"兄弟姐妹虽同胞"，却是"面貌相似不相同"是同一个道理。目前，动物克隆技术还同转基因技术结合起来，称为转基因克隆技术，用于高效率地繁殖转基因动物。曾经报道，国内外科学家还研究克隆大熊猫、东北虎等，用于拯救这些在野生条件下濒临灭绝的珍稀动物。

至于将克隆技术应用于人的设想，容易产生的一个误区是期望克隆出达尔文，或者担心克隆出希特勒。其实，这些正面或反面人物的出现都有特定的历史背景，不是依靠某一种技术所能做到的。但是话又说回来，即使克隆出来的是普通人，也会引发种种社会问题。例如克隆人的社会定位——克隆人和提供细胞核的人是什么关系？是父子、母女呢，还是兄弟、姐妹？或者，因为克隆人其实是复制品，而干脆就看作是供核者本人呢？如果是后者，那么，这个克隆人与供核者之间，可否随意使用彼此的银行存折呢？

✳ A21 玻璃管里种庄稼
——植物密码重新表达的潜能

或许大家都听说过动物克隆的故事,那只"多莉羊"的诞生几乎家喻户晓。其实,植物的细胞全能性和"克隆"的研究与利用比动物的要早得多,相关技术也成熟得多。和动物不同的是,植物采用的是植物的整个细胞,而动物采用的是细胞核。实践已经证明,植物的特化细胞,也就是根、茎、叶、花、果、实等任何器官上的细胞,虽然已经各自具有不同的结构和功能,但是它们都可以通过离体培养产生完整的植物体。

所谓离体培养,就是让特化细胞离开原来的植物体,在实验室条件下培养。实验室里除了适宜的温度和光照条件之外,特别需要的是适宜的营养物质和植物激素。植物激素通常称为生长调节剂。实验室里的营养物质和生长调节剂一般混合封装在玻璃或塑料容器里,统称为培养基。那些玻璃瓶或塑料试管里的培养基含有丰富的营养物质,不经意混进一点细菌或病毒的话,这些细菌或病毒就会在其中迅速繁殖起来,吞没培养中的植物细胞。所以,整个培养过程需要无菌操作,避免发生污染。

在这种离体培养过程中,植物特化细胞一般要经历"脱分化"和"再分化"两个阶段。取作培养材料的植物特化细胞称为"外植体"。"脱分化"就是选择合适的培养基让它首先"返老还童",回到同受精卵相似的、未分化的原始状态,形成没有特定结构的细胞群。这些细胞群称为"愈伤组织"。"再分化"就是将愈伤组织换到另外一种培养基里,让它重新发生分化和发育成为"再生苗",也就是新形成的完整植株。

外植体　　　　　　　愈伤组织　　　　　　　再生苗

图 A21-1　植物组织培养的三个阶段

　　由于一个细胞能够发育成为一株植物,所以这种离体培养方法能够产生大量性状整齐的植株,可用于快速繁殖名贵花卉,保存和繁殖银杏、雪莲等稀有的珍贵树种,以及各种农作物的优良种质资源。

　　由于植物茎尖顶端的细胞不带病毒,所以这种方法能够用来大量培养脱毒的薯类种苗。甘薯、马铃薯等薯类因为通常依靠根、茎、叶繁殖,所以病毒容易在这种无性世代之间传播,但是茎尖离体培养能有效地解决这个问题。

　　又由于离体培养的幼苗可以生长在试管里,所以便于长途运输树苗,还能够用飞机运载到山地的上空,实行飞播造林。所采用试管的材质自然应当是容易溶解于水的,一旦普降甘霖,就会看到漫山遍野都是翠绿的苗苗了。

　　总之,这种离体培养技术已经在各种栽培植物的种苗生产上广泛应用。这就是我们经常听说的"植物组织培养技术"。

✻ A22　动植物细胞能否返老还童

——密码重新表达的方向

请问，你听说过“干细胞”吗？这里说的是“骨干”的“干”，可不是说干燥的细胞啊。干细胞是人或动物体内少量存在的未分化细胞。它首先在人的早期胚胎中发现，称为胚胎干细胞，具有分化为完整生物体或任何特定组织的潜力。后来又在人的脐血、胎盘、骨髓、脑、头皮和动物脑神经当中发现。目前已经通过培养干细胞获得皮肤组织，期望将来能用于治疗大面积烧伤。有的科学家则成功地诱导胚胎干细胞分泌胰岛素，期望将来能用于治疗糖尿病。

这些实践结果表明，尚未分化的细胞有可能因为只有其中个别基因被诱导而形成我们所需要的某种组织。根据这一原理，科学家正在努力研究培养条件，促使已经发现的干细胞分别形成各种不同的组织或器官，以满足病人受损组织的修复或者器官移植的需要。因此，有些地方甚至已经建立起“干细胞银行”，用于储存初生婴儿的脐血干细胞，防备将来自身的需要。众所周知，移植自己的组织或器官能够避免排异反应；移植他人的组织或器官一般都会发生排异反应。

然而，话又得说回来，那种做法所需要的干细胞毕竟资源有限。怎么办呢？能不能将容易采集的皮肤等特化细胞逆转为干细胞呢？如今，科学家这方面的研究已经取得重要进展。2014 年有报道说，一名眼病患者将成为第一个享受这个成果的病人。科学家首先采集患者自己的皮肤细胞，将这些特化细胞逆转为干细胞，也就是通过人工培养将它“返老还童”成为干细胞，然后将这些干细胞进一步诱导成为视网膜色素上皮细胞,通过在小玻片上培养、增殖之后,就可以移植给患者,用以治疗患者的黄斑病变。黄斑变性是视网膜中生长了多余的血管,导致视网膜色素上皮被破坏,进而感光细胞坏死,最终导致失明。

根据干细胞分化的原理,植物方面也有类似的实验。植物体细胞离体培养的过程,一般都包含脱分化和再分化两个步骤。前一个步骤的目的是获得处于未分化状态的细胞,似可比作动物特化细胞通过人工培养"返老还童",逆转成为干细胞,进入它的"第二个青春"。

据 20 世纪 80 年代的报道,植物方面曾分别利用子叶、子叶节、生长点、种子苗、原球茎、花被、花药等的细胞,在人工培养基上产生了各种植物的花器或花芽。做过这种实验的植物至少包括大豆、蚕豆、番茄、黄瓜、山楂、荞麦、春兰、水仙、康乃馨等。还有一些国内外学者分别利用小麦的内、外稃和幼穗切段产生小穗;利用棉花胚珠产生棉花纤维;利用人参根的薄片产生发状根。另一些科学家还通过培养海巴戟、长春花、洋紫苏等植物的细胞,分别得到了利血平、阿吗灵和各种生物碱的次生化合物,这些天然成分通常只在完整植物体的特定器官存在。以上实验结果虽然还不理想,但为今后的研究奠定了初步基础,为将来实现植物产品的工厂化生产展示了诱人的前景。

✳ A23 双胞胎是否起源于
同一枚受精卵
——密码表达与发育类型

人类的双胞胎存在两类不同的情况。

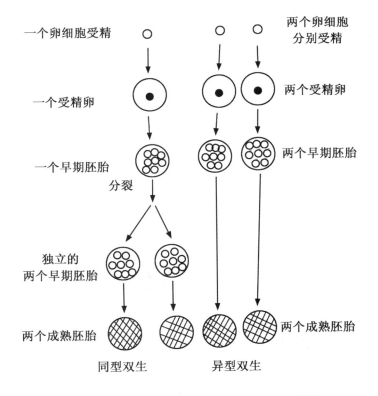

图 A23-1 同卵双生和异卵双生的不同来源

有一类双胞胎叫作"同型双生",就是指来源于同一枚受精卵的双胞胎。它是在一枚受精卵已经卵裂为更多裂球的时期才分成两个胚胎的。由这种双胞胎成长的两个孩子,正常情况下是同一性别,并且相貌非常相像,有时甚至让亲生父母都难以分辨。有的亲生父母甚至是根据这两个孩子的脸上都有一颗痣,但是分别长在左脸颊和右脸颊才辨认出来的。这种有趣的"镜像",不也可以佐证这两个孩子起源于同一枚受精卵,发育到一定时期才"面对面"地分开的么?此外,不久前英国也有过"镜像双胞胎"的报道。说的是有一对双胞胎姐妹,其中一位惯用左手(俗称"左撇子")而另一位惯用右手(也可称为"右撇子");其中一位有一颗牙脱落没几天,另一位在相反位置的一颗牙也脱落了。还有一对双胞胎兄弟,不仅长相几乎相同,甚至他们的心脏、肝和脾的位置都与对方正好相反。当然,这种"镜像双胞胎"只是同型双生当中的一种特例。

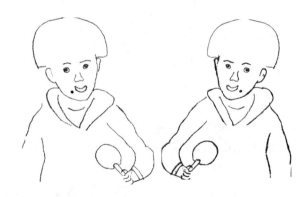

图 A23-2　同型双生当中的"镜像"特例

与"同型双生"不同的另一类双胞胎叫作"异型双生"。异型双生是一开始就存在两个受精卵,也就是同时有两个卵细胞分别受精,然后各自发育。这样的双胞胎可以是同一性别的,也可以是不同性别的,后一种俗称"龙凤胎"。异型双生的两个孩子,即使同一性别,也有可能存在相貌上的明显差异。在遗传学上,异型双生等同于一般的同胞兄弟、同胞姐妹、同胞兄妹或者同胞姐弟。

1　　　　　2　　　　　3

图 A23-3　异型双胞胎的各种表现
1 异型双生女孩(此处左边是姐姐);2 异型双生男孩(此处躺下的是弟弟);
3 异型双生兄妹(俗称龙凤胎)

人类的同型双生进一步证实了哺乳动物的胚胎具有很强的调整能力。也就是说,胚胎虽然发育了很长时间,再将它分开时却还能各自独立发育下去,并最终分别成为成熟的个体。正因为如此,分割并移植胚胎能够成为繁殖动物优良品种的方法之一。分割,是指分割正在早期发育的一个动物胚胎;移植,是指将分割得到的多个胚胎分配到若干母畜的子宫里继续妊娠,直到分娩。

我们知道,哺乳动物在正常产仔的情况下,同一胎的多只幼畜之间的生命密码是多种多样的,因为公畜和母畜在遗传上一般都是杂合体,也就是俗话说的"杂种"。这样交配得到的子代,即使是同一胎,也总是存在性状上的差异,正如俗话说的"一龙生九子,个个不相同"。和我们人类相似,由此得到兼具双亲所有优点的优秀子女的概率很低。如果分割这样优秀的早期胚胎并加以移植,就能够获得具有相同生命密码的一批幼畜,因为这一批幼畜来自同一个受精卵。换句话说,这样一来,将会选到优秀的一批幼畜,而不是优秀的一只幼畜。例如,中国农业科学院畜牧研究所 1996 年移植成功了我国首例猪早期胚胎卵裂球,结果生产出若干后代个体。这就是实现良种个体胚胎工厂化生产的又一个有效途径。

✳ A24 "谁言寸草心，报得三春晖"
——发育类型与进化

您读过《藏羚羊跪拜》这篇散文吗？那真是一篇呼吁保护野生动物的佳作，不仅晓之以理，更是动之以情。那篇散文描绘了遭遇老猎人的一只藏羚羊，为保护她心爱的胎儿而下跪、流泪求饶，甚至在枪声响起栽倒在地上之后，仍然是跪卧的姿势，眼里的两行泪迹也清晰地留着。老猎人为此夜不能寐，脑海里久久浮现着那只向他跪拜的藏羚羊，因而没有像往常一样立即开宰。直到第二天，当他用屠刀剖开母羊的腹腔时，才猛然发现静静地卧躺在其中的、早已断气的小羚羊。老猎人这才悔恨他那一枪同时杀死了跪拜的慈母和她没有出世的孩子。至此，他立即停止开膛，在山坡上挖坑埋葬了死去的两只藏羚羊，同时被埋葬的还有他自己的猎枪。

可见，高等动物其实也和人类一样，它们的母爱是一种天性，是自然选择的结果，原本没有功利目的。记得唐代孟郊有首诗《游子吟》这样写道："慈母手中线，游子身上衣。临行密密缝，意恐迟迟归。谁言寸草心，报得三春晖"。高等生物有了母爱，有了母亲无微不至的呵护，才能在多灾多难的地球依然欣欣向荣、生生不息。

高等动物的母爱，其实同它的发育类型有密切的关系。研究发现，不同生物在胚胎发育类型上存在很大差别。

虽然很早以前有一位学者，曾经画过这样一幅有趣的漫画，他把人的一枚受精卵分成若干个区域，上面画的是头脸，中间画的是躯体，两侧画的是胳膊，下面画的是腿脚，试图用他这幅漫画表示受精卵时期就已经形成各种器官，并且都已经具有相对固定的位置，只不过它们的体积都还非常非常微小，我们都看不见；而在孕育期间，它们只是慢慢地长大和等待诞生。然而，果真是这样的吗？实际上，后来的科学研究表明，人的胚胎和大多数动物胚胎的各种器官是在受精卵形成之后才逐渐分化出来的。

不过，有些生物胚胎的细胞群一开始就谁也离不开谁。例如果蝇，它的卵在受精之前就已经区域化为头、尾、背、腹，实验证明其中任何一个部位受到伤害都会在果蝇成虫的相应体位表现出来。这种发育类型叫作镶嵌发育。

与此不同的是，另一些生物胚胎发育了相当长时间，其中的几部分细胞群还分别具有独立性。例如两栖类的青蛙，胚胎发育到32个胚胎细胞之后才开始发生细胞之间的分化。又例如哺乳动物中的小鼠，如果将发育到32裂球（32个胚胎细胞）的胚胎对等分割，还能各自发育成为完整的胚胎；发育到64裂球时才再也不允许分开，只能相依为命。这种发育类型叫作调整发育。调整发育类型生物的幼体，发育过程会更多地受到环境变化的影响。

我们知道，胚胎从镶嵌发育到调整发育，生物对环境的应变能力是逐渐增强的，因而是进化的表现。我们同时又看到，由镶嵌发育的昆虫到调整发育的哺乳类，越是进化的生物，它们的幼体的命运就越易受环境变化的影响，因而越是需要母亲的呵护，越是需要母爱。

B篇　漫话生物性别

　　人类和生物在历史长河中的世代相传,主要依靠有性生殖,需要以男女两性,和动、植物的雌雄分化为物质基础。

　　由于两性的存在,生物界才会如此色彩斑斓。也由于两性的存在,人类社会才会如此丰富多彩。

　　如果你对这古老而弥新、神秘而现实的永恒话题也感兴趣的话,请阅读本篇,本篇主要说的是,生命密码是如何决定性别及其分化过程的。

✳ B01　国际体坛的性别争议
——性别的决定与分化一

　　古有花木兰女扮男装,替父去从军。当今世界体坛,却有男选手男扮女装,参赛女子项目。众所周知,男性一般在力量、速度、耐力、爆发力等方面都比女性占有优势,如果男运动员冒充女运动员混进女子项目,自然会影响到竞赛的公平性。因此,自从 1900 年第二届奥运会有了女子项目以来,参赛运动员的性别争议就开始引发。1932 年有一个惊人的实例,波兰运动员瓦拉谢维奇创造田径女子百米世界纪录,并夺取了奥运金牌。当时就有人对其性别产生怀疑,但由于性别检查并没有列入奥运会内容,这事便不了了之。后来,瓦拉谢维奇移居美国,在一次意外事故中被人枪杀,尸体解剖时法医发现这位"女飞人"竟然是一位地地道道的男儿。这可以说是奥运中男扮女装参赛的最早典型,尽管赛事早已时过境迁。

　　1964 年,男扮女装参赛这些事已经影响到了奥运会本身的公平性,因此国际奥委会决定从 1968 年第 19 届奥运会开始,对女子项目的参赛运动员实行性别检查。后来的历届奥运会沿用了这一做法,并多次更新检查方法,力求做到文明、简便而有效。

　　然而,关于运动员性别的争议并未因此结束。其中一例是,1985 年西班牙跨栏女选手帕提诺参加在日本神户举行的世界大学生运动会时,被检查出带有男性特有的 Y 染色体。之后,这位西班牙女运动员多次要求用更为科学的方法对其性别进行测试。经过 3 年的辛苦争取,帕提诺终于重新取得了"女性"身份。这类事实说明,性别检查的方法和结果存在科学性或者公平性方面的争议。

在改进性别鉴定的科学性方面，国际奥委会曾经推荐更为靠谱的方法——PCR 技术扩增基因的方法。这种方法首先在 1992 年巴塞罗那奥运会试用；接着 1993 年又在上海举行的首届东亚运动会上正式应用。凭借这种方法，只需采集一根带囊的毛发，几个小时之内就能把 Y 染色体专有的 SRY 基因（它同分泌睾丸激素有关）扩增和显示出来，在紫外线照射下的琼脂板上出现橘红色光带。这条光带的有或无就作为判断是男还是女的根据。然而，后来也有人指出，这种方法要检测的是理论上只存在于 Y 染色体上的 SRY 基因；而遗憾的是，事实上父亲精子发生时，SRY 基因有可能转移到 X 染色体上去。尽管这种概率非常低，然而一旦发生这种情况，作为他的孩子的运动员，是男还是女就说不清了。

我国举办 2008 年北京奥运会前夕，有关方面负责人谈到了本届奥运会的性别鉴定问题。大意是，北京奥运会将摈弃历史遗憾，推动运动文明，彻底抛弃"运动员是男还是女"的问题，而专注于对发育异常者的综合诊断。例如，性染色体为 XX，但是患有先天性肾上腺增生、真两性畸形等疾病，因而雄激素水平高于正常水平，在力量、速度、耐力、爆发力方面都占有优势，这种情况下，参赛资格将被质疑。又例如，性染色体为 XY，雄激素水平在正常男性范围内，但是患有完全性雄激素不敏感综合征，雄激素完全不能发挥作用，实际上"比女人还女人"的这种情况下，参赛资格应当受到保护和公平对待。

接着，在 2009 年的第 12 届世界田径锦标赛上，18 岁的卡斯特尔·塞门娅在女子 800 米决赛中夺冠；然而，塞门娅的性别却遭到质疑，因为其体内没有卵巢，而且睾丸激素分泌量是正常女性的 3 倍。但国际田联的指导意见认为，应在法律上确认为女性，只是患有雄激素过多症，如果其雄激素水平低于男性水平范围，则可以获得参加女子田径赛事的资格。按照常规，正常男性的雄激素水平为 260～1 000 ng/dL，而绝经前

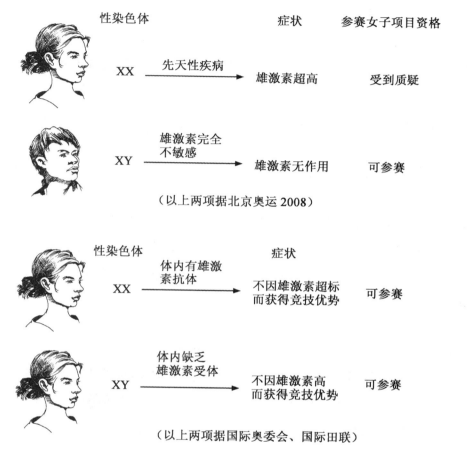

图 B01-1　国际体坛的性别鉴定

成年女性的雄激素正常值为 15～70 ng/dL。可见,塞门娅的雄激素分泌量虽是正常女性的 3 倍,但仍然远低于男性正常水平。

　　2011 年 7 月,国际奥委会也通过了对雄激素过高的女运动员进行性别鉴定的新条例。只要选手的雄激素水平低于男性标准,或者虽达到男性水平,但体内有雄激素抗体,导致选手无法因雄激素超标而获得竞技优势,该选手便有权参加女子项目比赛。反之,如果女性体内天然的雄激素达到男性的范围,就不允许其参加女子项目比赛。

　　国际奥委会和国际田联还确定,对于染色体符合男性(XY),但外表为女性,并在日常生活中被当做女性的人,尽管体内的雄激素水平较高(可能达到男性水平),但由于缺少(或部分缺乏)雄激素受体(即细胞中专门与雄激素结合并使之发挥作用的蛋白质大分子),因而雄激素在体内完全不起作用(或作用不大),不会从自己体内高水平的雄激素中获得竞赛优势,则不禁止她们以女性身份参赛。

　　然而,对于"雌雄之辨"所带来的难题,体育运动专家在根本态度上也有所不同:一些人认为,既然体育界对于人体的某些生理变异,如身高或携氧能力的异常是容许的,那么,对激素水平的自然变异也应当接受。但是另一些专家则强调,雄激素是决定男性和女性运动成绩差别的重要因素,因此应当把这一因素作为主要标准来判定一个人是否有资格以女性身份参赛。还有人认为,竞技体育是把人体的生理和心理状态发挥到极致的竞争,争论甚至也是构成体育比赛魅力的一部分;因而,对男女运动员性别"边界"的认定,必然会像运动场上的"擦边球"一样,永远是各方争论的焦点。确如《木兰辞》里说的:"雄兔脚扑朔,雌兔眼迷离。双兔傍地走,安能辨我是雄雌?"也许,生物医学的发展还将为争论各方提供新的证据。

✳ B02 男女之间的灰色地带
——性别的决定与分化二

当你听到亲戚或邻居刚刚平安、顺利生下一个婴儿的时候,第一个反应通常是问对方"生的是男孩还是女孩?"而对方最为简要的回答,通常是"带把的",或者是"不带把的"。这事说明什么呢?你的问话说明人们最关注的首先是新生儿的性别,因为这关系到孩子成长之后,在社会上所可能扮演的角色。对方的答话则说明男女性别通常容易按照生理特征,尤其是外生殖器的特征加以区分。

然而,在许多情况下,性别的界定并不那么简单、明确。

尽管性染色体长期以来作为性别鉴定的科学依据,也就是 Y 染色体的存在或缺失起着决定性作用:有 Y 染色体就是男性,没有的话就是女性。但是,医生们发现,有些人跨越了这条性别的边界——他们从性染色体上看是一个性别,但是在解剖学水平上观察性腺(有卵巢呢,还是有睾丸),却是另一个性别。这就是所谓的双性人,又被称为"性发育异常"或"性发育紊乱"。一些研究人员还表示,每 100 人中就有 1 人患有某种形式的性发育异常。患这种病的儿童的父母常常会面临一个困难的抉择,不知道该把孩子当男孩还是女孩来抚养。

为什么会存在以上性别模糊的现象呢?

我们不妨先了解一下胚胎发育的过程。虽然,婴儿出生之后,通常两性之间的生理区别确实显而易见,要么是所谓"带把的",要么就是所谓"不带把的";但是在生命开始孕育的时候却并不是这样。据观察,人的胚胎在发育 5 周后,才有可能形成男性或女性的解剖结构。胚胎肾脏

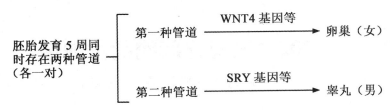

图 B02-1　胚胎早期的两种性别分化方向

附近有一对管道可以形成女性的子宫、输卵管；同时存在的另一对管道可以形成男性的附睾、输精管和精囊。胚胎发育 6 周后，性腺才开始发育成卵巢或睾丸。如果睾丸发育，性腺会分泌睾丸酮（雄激素），支持男性生殖管道的发育，同时还会生成其他激素，迫使可能发育成子宫和输卵管的部分退化消失。相反，如果卵巢发育，性腺会生成雌激素，而男性生殖管道将由于缺少睾丸酮而退化。性激素对外生殖器的发育也起着支配作用，而且外生殖器会在青春期再次发挥作用，激发第二性征的发育，比如女性的乳房或男性的胡须。

　　在胚胎发育的上述过程中，科学家发现了一些重要的基因所起的作用。首先是在 1990 年，他们发现了 SRY 基因，是这个基因促进睾丸发育的。接着在 2000 年左右，又发现了能够促进卵巢发育，抑制睾丸发育的基因 WNT4 等。到了 2011 年，有科学家还发现，如果另一种关键的卵巢基因 RSPO1 出现异常，会导致携带 XX 染色体的人产生"卵睾"（ovotestis），即性腺中同时存在发育成睾丸和卵巢的区域。另外一个实例是，有医生曾发现一位老年男性，虽然早已正常地先后生育 4 个子女，却在他 70 岁时被查出拥有子宫。

　　以上这些发现表明，性别的分化是一个复杂过程，在这个过程中，两个截然相反的基因活动网络之间展开竞赛，决定性腺的命运，也就是决定性别分化的方向,它可以是单向的,也可能是双向的。

　　此外,性腺(卵巢或睾丸)的发育结果并不是性别多样化的唯一来源。例如,有的人携带 Y 染色体,有内睾丸,但是对睾丸产生的雄激素没有反应,结果生有女性的外生殖器,而且在青春期发育为女性。这种病人通常是因为本该响应雄激素的受体失去功能,而激素是需要结合在相应的蛋白质受体上才能发挥作用的。

　　最近五六十年,对于在外貌、职业和性伴侣选择上跨越传统社会界限的男性和女性,很多社会采取了更为宽容的态度。但是,每当涉及到性别问题时,有些科学家认为,仍有巨大的社会压力将性别归于二元化模型——要么你是男性,要么你是女性。要想摆脱性别的标签,或允许第三种模糊标签的存在,将是一件困难的事情。有位女科学家甚至无奈地说:"如果法律需要一个人要么是男性要么是女性,那么性别应该由什么来确定?是解剖、激素、细胞,还是染色体?如果这些指标彼此冲突怎么办?我觉得,既然没有一个生物学指标能够支配其他所有指标,那么到头来最合理的指标就是性别认同"。也就是说,如果你想知道一个人是男还是女,也许最好的办法就是开口问问这个人。

✳ B03　为什么会有同性恋
——性别的决定与分化三

　　2015 年 6 月 26 日,美国最高法院裁决全美同性恋婚姻合法化。第二天,在中国北京,34 岁和 27 岁的一对同性恋男性举行了盛大的婚礼,在众目睽睽下热烈拥吻。同年 7 月 4 日,中山大学一位女毕业生在毕业典礼上当众宣布自己"出柜",希望得到大家的平等对待,当即受到了校长的拥抱。在这里,"出柜"的含义是宣布从此不再躲躲闪闪,而是公开承认自己的性取向是同性恋。据了解,此前国内演艺圈已经有几位"出柜"的名人。可见,在当今思想开放的社会,同性恋已经不再是什么罕见的事情了,社会对同性恋也表现出了相当宽容的态度。但是回顾过去,同性恋长期以来给人们的感觉往往是一种异常现象。据说那些年,美国宾馆里异性开房同宿被认为很正常,不会有人过问他俩的关系;倒是同性开房同宿会引起旁人议论纷纷,或者交头接耳猜测他俩是否是同性恋。

　　有学者认为,有一种健康型同性恋是基于性与情都和谐的需要,并主要是基于精神的满足,从而具有柏拉图式"精神恋爱"的色彩;另一种则是主要出于好奇心的肉体满足。还有学者认为,人类两性生活本身一个很重要的意义就是繁衍后代,然而同性恋却颠覆了这层意义。此外,同性恋之所以受到非议的一个原因是艾滋病,认为他们特殊的性行为方式在无意之间有可能增大传播这种疾病的风险。

　　那么,为什么还会有不少人愿意选择同性恋呢?有研究者认为,许多同性恋者们其实并不是因为不想要孩子,而是可能因为来到这个世界上,曾经遭遇不幸的经历,存在着种种的无奈,结果就有了同性恋的倾向;何况,他们(或她们)当中还会有人想去孤儿院领回孩子共同抚养,成就一件善事。

此外,有研究者还认为,异性恋或是同性恋这两种不同的性取向,和不同人体的激素水平有关。最近,一些学者各自通过生物学实验,研究这方面的问题。

一位英国学者的研究结果表明:同性恋和人体孕酮激素高低有关,体内的孕酮激素高低直接影响性取向的选择。曾有244名女性参与关于对同性态度的调查问卷,同时选取其中92名女性对其唾液中的孕酮进行测试,结果表明,孕酮值越高,其对同性性行为态度越开放。在对男性的调查和实验结果表明,同时具备高孕酮激素和同性恋倾向的比例高达41%。

两位中国学者通过敲除雄性小鼠的Lm^{x}b1基因,测试了这种基因与小鼠性取向的关系。目前已知Lm^{x}b1基因具有最终产生五羟色胺的功能。五羟色胺在早期被称为血清素,是一种重要的神经递质,能在神经细胞之间传递信息。因此,通过Lm^{x}b1基因的实验能够说明五羟色胺的有无或多少与小鼠性取向的关系。实验取得了以下几项结果:

一、缺乏Lm^{x}b1基因的雄性小鼠在同性进入它卧室大约8分钟后会尝试与同性亲热(同性求偶),在被拒绝后依旧尝试。而Lm^{x}b1基因正常的小鼠绝不会有上述行为,即便是在与同性共处一室长达一个半小时之久,也是如此。

二、同时让一只雄性和雌性Lm^{x}b1基因缺陷型雄性小鼠自由选择性伴侣,约80%的时间里雄性小鼠会选择其中任何一个(双性求偶)。相比之下,正常的小鼠60%～80%的时间里会选择与雌性小鼠亲热(异性求偶),只有20%～30%的时间里选择与雄性小鼠亲热。

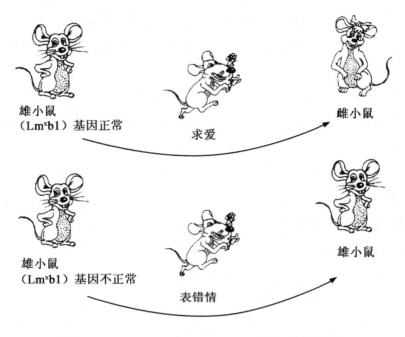

图 B03-1 Lm^{x}b1 基因对小鼠性取向的影响

三、Lm^{x}b1 基因正常的雄性小鼠在大部分的时间里会对雌性小鼠高歌一曲,以吸引她们的注意力,只有约 10％ 的时间会表错情向雄性小鼠高歌一曲。而没有 Lm^{x}b1 基因的雄性小鼠约 60％ 的时间会对雄性小鼠高歌。

四、正常情况下雄性小鼠喜欢嗅雌性小鼠闺房的味道,相比嗅雄性小鼠卧室的时间多一倍;而 Lm^{x}b1 基因缺陷的小鼠却不一样,花在两个性别上的时间差不多,但是更喜欢嗅雄性小鼠。这表明 Lm^{x}b1 基因缺陷雄性小鼠已经失去了嗅异性味道的爱好,尽管它们能区分不同性别的味道。

五、我国这两位学者还采用不同遗传缺陷的小鼠重复上述实验,其中一种是缺失 Tph2 基因(帮助大脑产生五羟色胺的基因)的小鼠。这种雄性小鼠同样失去了对雌性小鼠的偏爱,对两性的味道也不敏感。

六、我国这两位学者还通过改变五羟色胺水平改变了小鼠的性行为。他们将 pCPA(用于清除五羟色胺)注入正常的小鼠体内。三天后,这些雄性小鼠开始喜欢雄性。随后他们又往小鼠体内注射五羟色胺,半小时后,小鼠体内的五羟色胺水平恢复正常,结果小鼠异常的性取向被纠正过来了。

这几项实验结果清晰地证明了五羟色胺是影响雄性小鼠性取向的关键物质。不过遗憾的是,没有研究确认五羟色胺是否能影响人类的性取向。所以还不能定论五羟色胺水平的改变是否会导致男同性恋的产生。

然而,另有研究者认为,性取向和成年时期的性激素水平无关,其根据是大多数同性恋者(无论男的或女的同性恋者)体内睾丸酮或雌性激素水平都与异性恋者并没有显著差异。这位研究者比较相信的是,在动物胚胎的大脑发育敏感期,睾丸酮(雄激素)含量水平对动物成年后的性取向影响比较大。对于人类,这个大脑发育敏感期开始于妊娠期的第二个半月,延续至第五个月末。动物实验研究表明,不同种类雄性动物如大鼠、猪和鸟雀等,如果在该发育早期大大降低睾丸酮水平,则成年后对其他雄性动物表现出性兴趣。如果雌性动物在发育早期接触过多睾丸酮,则成年后的交配行为更可能相似于雄性动物的典型行为方式。

与此相类似的研究,是把处于妊娠期最后一周的大鼠施以应激刺激(强光,限制行动),导致内啡肽增多。一些内啡肽通过胎盘进入胚胎,对下丘脑产生影响,能够产生抗睾丸酮的效应。另一些实验则对怀孕大鼠给予酒精使其应激,发现这种胚胎发育期的应激可以改变动物下丘脑发育,结果雄性后代成年后既有可能对雌性。也有可能对雄性产生性行为反应,而其他方面还是表现出典型雄性特征。但是同时也发现,出生前应激对成年后性行为的影响,会因为生长环境不同而有所差别。例如,隔离饲养或与其他出生前应激的动物一起饲养时，只对雄性动物产生性行为反应；而与雌性动物或出生前未应激的雄性动物一起饲养时，可对雌雄两性产生性行为反应。这些实验结果，无疑也对于探索同性恋的生物学基础具有参考价值。

　　总之，世界上同时存在异性恋和同性恋，各自有其生物学基础。虽然前者多数而后者少数，那也是正常现象，就如同惯用右手的是多数而惯用左手的是少数，我们没有必要因为少见而多怪。

✳ B04　男女变性是真实的吗

——性别的决定与分化四

人类的性别和性染色体有关，男性的一对性染色体一大一小，通常用 XY 表示，所形成的精子有半数带 X 染色体，另外半数带 Y 染色体。女性的是大小相同的两条，用 XX 表示，所形成的卵细胞都带 X 染色体。受精之后，发育形成大致相等比例的 XX 和 XY 胚胎，因此生男和生女的概率大致各占 50%，正常情况下大群体统计结果男女性别比例接近 1：1。然而，我国不少区域因为选择性地堕胎或遗弃女婴，其结果是男女性别比例明显失调。据 2014 年统计，我国出生人口性别比为 115.88，即男 115.88，女 100.00，而国际公认的性别比合理区间是 103—107。有人估计，这样下去到 2020 年，中国的"剩男"规模将接近澳大利亚总人口（2013 年估计澳大利亚总人口 2 400 万人）。难怪有人说，这样下去将来就会有很多小伙子娶不到老婆了，这将引发一系列社会问题。

现在还回过头来谈谈性别是由什么决定的。科学家的发现告诉我们，一个人的性别取决于性染色体组成，是就正常情况来说的，实际上国内外都有性染色体组成没有改变而性别表现型改变的一些报道。例如，原来性染色体为 XY 的一个婴儿，由于另外一对染色体上的 5α-还原酶基因意外地不能正常表达，以致发育同女性极为相似的性器官，所以出生时就被认为是女孩；可是到了青春期，不知什么原因导致那个基因又正常表达了，结果男性性器官发育，声音变粗，肌肉发达，所以认为"她"变成了男孩。

也有男变女的报道。例如，美国女子网球选手蕾妮，上大学时原本是身高1米8的英俊小伙子，工作后自己为逐渐显露女性特征而苦恼，并为此同妻子离了婚。后来在医生帮助下摘除了睾丸，同时注射大量女性激素，终于逐渐变成外观典型的"女性"，但是性染色体仍然保持男性的 XY。

此外，目前个别国家的娱乐场所里有个卖点叫作"人妖"，这些人原本都是正常的男性，因为从小就施行性器官手术去当"人妖"，结果体内激素状况发生变化，体表特征随着发生很大程度的女性化。

说得远一些，还有封建时代宫廷里的太监。他们在进宫之前原本都是正常的男性少年，由于进宫时就被阉割，所以声调、姿态都发生一定程度的女性化。

以上种种实例也都说明，人体发育过程的内外环境也对性别的分化、发育起作用。从性染色体 XX 到女性特征形成，需要经历染色体基因表达的复杂过程，从性染色体 XY 到男性特征形成也是如此。如果以上基因表达过程受到异常情况的干扰，就有可能改变性别发育的方向。

✳ B05   牝鸡司晨不吉利吗

——性别的决定与分化五

　　我们的祖先留下了不少激励我们奋进的警句、成语、诗词和故事，其中有一部分提到了鸡。例如唐代大书法家颜真卿有一首诗这样写道："三更灯火五更鸡，正是男儿读书时。黑发不知勤学早，白首方悔读书迟。"这首诗里的"鸡"因为是五更报晓的鸡，所以应当是公鸡。又例如，晋朝名将祖逖和刘琨，年轻时经常枕着兵器睡觉等待天明，每当听到荒原上第一声鸡叫就必定起床抖擞精神舞起剑来，于是留下了千古传颂的佳话"枕戈待旦"、"闻鸡起舞"。其中"闻鸡起舞"的鸡，是指黎明时分昂首啼鸣的鸡，所以应当也是公鸡。

　　然而，实际上我们偶尔也会看到或听说，原本正常下蛋的母鸡，不知是什么原因，有一天突然在黎明时分鸣叫起来，从此像公鸡一样天天向主人报告天亮。这种现象叫作"牝鸡司晨"。"牝鸡"就是母鸡，"司晨"就是报晓。由于封建迷信思想的影响，有些人以为"牝鸡司晨"是不吉利的征兆。大家或许还会记得有一部电影名叫《火烧圆明园》，那里有一场戏是诰命大臣肃顺，就用"牝鸡司晨"这句具有负面内涵的双关语训斥西太后胡乱干预朝政。

　　其实，"牝鸡司晨"是母鸡转变为公鸡的一种生物现象。并且，转变的程度存在不同情况，有的只是"司晨"，有的还换成了公鸡鲜艳的羽毛，更有甚者，有的还能和正常母鸡交配产生后代。不过，科学家观察到那种变性鸡的性染色体并没有变化，和公鸡的性染色体完全不同。原来，许多动物细胞里都有一对染色体同性别的决定有关，称为性染色体，正常母鸡的一对性染色体一大一小,通常用不同的两个英文字母 ZW 表示,而公鸡的一对是大小相同的,通常用相同的一对英文字母 ZZ 表示。

那么,鸡的这种外表性别特征发生变化的原因是什么呢?

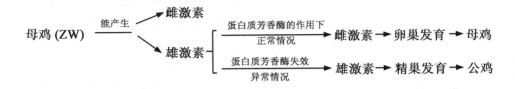

图 B05-1　母鸡变性的原理

曾有推测认为,一只下过蛋的母鸡,可能因为生病或受伤而使卵巢退化,精巢发育,从而表现出公鸡的形态和行为。原来,鸡胚的性腺具有演变为卵巢和精巢两种可能性,关键在于激素。性染色体为 ZW 的母鸡能够产生雄激素和雌激素。在正常情况下,它的细胞所产生的蛋白质芳香酶能够把雄性激素转变为雌性激素,从而表现母鸡的形态和行为;如果蛋白质芳香酶的作用受到抑制,就有可能因为雄性激素的存在和作用,而表现出公鸡的种种特征。这种推测后来被科学家的实验所证实:他们将一种抑制蛋白质芳香酶的化学药物注射到孵化早期的鸡胚当中,结果经过发育孵化出来的鸡,虽仍然具有母鸡的性染色体 ZW,然而又表现出公鸡的外在性别特征。

✳ B06 动物性别秘闻
——性别的决定与分化六

蜜蜂的一个蜂巢里一般住着少数几只雄蜂、一只蜂王和许许多多工蜂。雄蜂是卵细胞不经过受精而单独发育形成的，它的体细胞只有半数染色体，但是它能产生包含这半数染色体的一些有效精子，并和蜂王交配。蜂王不仅具有正常的染色体数目，并且幼虫时期采食王浆时间长，结果体型大，生殖系统正常。工蜂虽然具有正常的染色体数目，但是幼虫时期采食王浆时间短，结果体型小，生殖系统萎缩，没有生殖能力，主要职责是清理蜂巢、喂养幼虫、筑巢、采蜜等。由此可见，蜜蜂的雌雄性别取决于染色体倍数，以及生殖系统发育所需要的王浆。

那么，在这样一个蜜蜂小王国里，它们是怎样繁衍后代的呢？

这就要说到雄蜂存在的价值了。雄蜂的存在价值就在于它们都有"一技之长"——能够和蜂王交配，一只蜂王一生需要和七八只雄蜂交配，以便满足繁衍后代的需要。一些未经受精的蜂卵，经过二十多天孵化，就生出雄蜂来，出生 8 天左右，开始出巢飞翔，12 日龄左右达到性成熟，精子由睾丸转移到储精囊。据有关报道，每只中华雄蜂平均拥有 40 万～72 万条精子。在遇到晴朗暖和天气的时候，它们就会在让工蜂喂饱饲料之后，飞出巢外去婚飞交配。

这时的雄蜂正值青春年少，通常都会不约而同地集结在公开举办"相亲大会"的某某空中乐园，热烈期盼成熟蜂王姑娘的出现。如果偶有一位处女蜂王闪亮登场，雄蜂们便会争先恐后，极尽殷勤献媚之能事向她求爱。由于处女蜂王的飞翔速度很快，只有最强健的青春期雄蜂才能

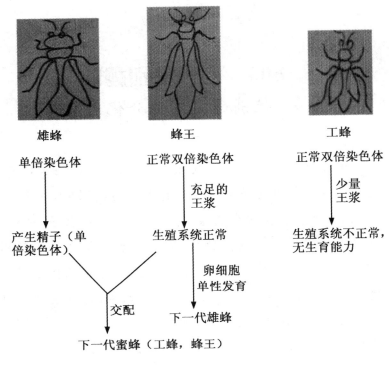

图 B06-1 蜜蜂的性别

追上处女蜂王并和她进行交配。这种选优汰劣的自然选择,能使蜂群一代又一代地保持健壮的优势。

这样求爱的结果,只有少数几只雄蜂获得交配的机会,然而不幸的是,这也同时让自己直面死亡,婚庆和忌日竟然是同一天。这是因为,交配完毕,处女蜂王会把雄蜂的生殖器强行掳走,用于继续繁殖数不清的后代,雄蜂则因此在交尾的一时快感中活活痛死。无独有偶,螳螂也有类似的情况,"新婚"的一对螳螂正在交配的时候,新娘会同时咬住新郎的头部,因而新郎中枢神经失去控制,精子便源源不断地流入新娘体内。接着,新娘吃光新郎的上半身,获得足够的营养物质用于滋养自己的后代。

　　我们回过来还接着说雄蜂。那些在求爱竞赛中被淘汰出局的雄蜂只好垂头丧气四处飞散，疯疯癫癫闯入任何一只蜂箱，如同失恋者低头喝闷酒似的，没精打采地享用"廉价"的蜂蜜，但不仅不会被守卫的工蜂阻拦，而且还会受到欢迎。这是因为正值处女蜂王交配繁殖时期，还有许多处女蜂王在其他蜂巢"待字闺中"，等待雄蜂前来求婚。雄蜂不拘一巢选新娘的这种特性，也是自然选择的结果，非常有利于避免近亲繁殖。

　　然而毕竟好景不常，随着气候变凉，工蜂采蜜越来越难，不论哪个蜂巢都没有增加新粮和新娘，雄蜂也因而失业，这时工蜂便祭出"飞鸟尽，良弓藏；豺狼绝，走狗烹"的黑旗，将雄蜂驱逐出境，任其全部饿死、冻死。这同我们人类社会提倡的"饮水不忘掘井人"、"老有所养、老有所医、老有所乐、老有所学、老有所为"的尊老爱幼精神是何其相悖！

　　听完蜜蜂的故事，不论你是男还是女，都会觉得有些压抑、有些累了吧？那就让我们调剂一下，顺便听听其他动物的性别"秘闻"吧。

　　据报道，一种称为后蟵的海洋蠕虫，幼体表现中性，游动到雌虫的口吻，接受所分泌的类似激素的化学物质时，发育为雄虫；如果游动到海底，则发育为雌虫。

　　又有报道说，一种称为 Okinawa Trimma 的热带鱼，每个鱼群里只有一条是雄鱼。当鱼群被一条体形更大的雄鱼闯入的时候，原来的雄鱼就会变性成为雌鱼，并且能和新来的雄鱼交配。当新来的雄鱼离开这个鱼群的时候，那只变性的鱼又恢复成为雄鱼。这种鱼的性别转变，只需要四天就可以完成。

　　还有科学家在虹鳟鱼幼体的饵料中添加 $0.3\sim1.0$ mg/L 的甲基睾酮，结果 90% 的雌性变为雄性。如果添加 50 mg/L 雌二醇，则有 14% 的雄性变为雌性。

　　此外，还有科学家经过试验发现，15 种龟、鳖的孵化温度是 $20\sim$

27℃的时候，生下的后代全部是雄性；在 30～35℃ 的时候，后代全部是雌性。鳄鱼不同，20～30℃ 的时候，生下的后代全部是雄性，低于或高于这个温度的时候，后代全部是雌性。

再看看水陆两栖的蛙。虽然青蛙的性别由性染色体决定，XX 是雌性，XY 是雄性，但是有些蛙的性别明显地受温度的影响。在气温大约20℃的繁殖季节，交配所得后代雌雄比例接近 1∶1；而在气温大约 30℃的盛夏，交配生下的全部都是雄蛙。

以上种种，都说明动物性别的决定固然首先取决于遗传因素，然而性别分化的过程也受到环境因素的影响。换句话说，在性别的遗传因素表达为生命现象过程中，环境因素对性别分化的方向也起着重要的作用。

❋ B07　植物性别知多少

——性别的决定与分化七

　　大家都知道动物有雌雄之分，但是较少知道植物中也普遍存在性别分化的现象。植物的性别分化，其中一部分表现为雌雄异株，例如银杏、苏铁、大麻、菠菜、石刁柏、桑，以及杨和柳等。大家熟悉的七律《送瘟神》里的"春风杨柳万千条，六亿神州尽舜尧"，很可能就是以雌雄异株的杨和柳，比喻全国的男女老少。我国南方种植的番木瓜中也有雌雄异株的类型，名噪一时的歌剧《刘三姐》里《对歌》的一场戏，就有"什么结子包梳子？柚子结子包梳子！什么结子抱娘颈？木瓜结子抱娘颈"的唱词，后半句的意思是"木瓜的果实结在妈妈的脖子上"。事实是，雄株负责散播花粉给雌株，雌株的子房接受了花粉，才能结出果实来。

　　植物性别分化还有一种表现是雌雄同株而异花，即同一植株上长着雄花和雌花，雌花受粉后发育而成果实。我们常见的南瓜、黄瓜、西葫芦等瓜果类蔬菜就是这样的。菜农为了使这些植物多结瓜果，除了选用适宜品种外，还采取一些适宜的栽培措施，通过改善环境条件来增加雌花的比例。例如，对这些葫芦科植物苗期增施氮肥，利用温室栽培条件缩短日照和降低夜温，采用乙烯利等植物生长调节剂，都能增加雌花的比例。实质上，这些外部措施都是通过改善植物细胞的生理环境，即"外因通过内因起作用"，来控制性别分化方向的。

　　玉米也是雌雄同株而异花，雄花长在头顶上，俗称"天花"，负责散播花粉，雌花长在腰上，形同"棒子"，受粉后能够结出籽粒。同一块地里的玉米植株之间，雄花开花时间并不整齐，雌花开花时间也不整齐。同一

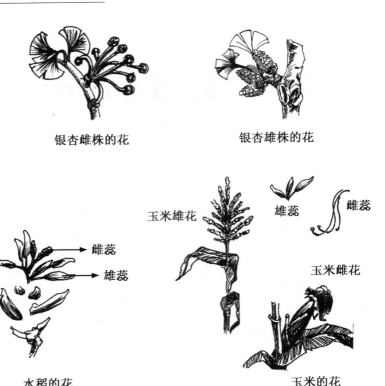

银杏雌株的花　　　　　　　银杏雄株的花

水稻的花　　　　　　　　　　玉米的花

图 B07-1　植物的性别

株玉米而言,雄花比雌花早开花。因此,在自然条件下,玉米一般是在不同植株之间授粉。如果我们需要让某一株玉米自己给自己授粉(叫作自交),那就得预先对它的雌、雄花在开花前分别进行套袋隔离,并在开花时进行人工授粉,以免受到其他植株花粉的污染。

　　植物性别分化的另外一种表现是雌雄同花,也就是雌蕊和雄蕊长在同一朵花里,例如水稻、小麦、大豆、马铃薯等。这几种植物在自然条件下是自花授粉的。如果科学家进行品种培育时,准备在其中一种植物的不同类型之间进行杂交,一般需要人工除掉母本的雄蕊,然后才能授以父本的花粉。甘薯是短日照植物,花器的形成需要足够时长的黑暗,所以在夏季日照长的我国高纬度地区开花比较少,南方才比较多见。它虽然雌雄同花,但是自花授粉的结实率一般很低,自然条件下主要依靠蜜蜂进行异花授粉。对甘薯进行人工杂交的时候,如果出于育种的目的,通常不必人工除掉母本的雄蕊;只在进行基础研究时才需要除掉雄蕊。

✳ B08　性激素·性需求·性生活
——性激素一

人体发育到达青春期的时候,男性表现为生胡须、喉结突出、声音低沉、骨骼粗大、出现遗精现象等;女性表现为乳腺发育、骨盆宽大、皮下脂肪丰富、嗓音尖细、月经来潮等现象。这些都是人在性成熟的时候所表现的、与性别有关的外表特征,称为副性征或第二性征,以区别于称为第一性征的外生殖器特征。

这些副性征是在性激素支配下出现的。性激素在人体内具有促进副性征发育、性器官成熟和维持性功能等作用。这些激素主要是在性腺(卵巢、睾丸)形成和分泌的。具体地说,女性的卵巢主要分泌两种性激素——雌激素和孕激素,已知雌激素是在细胞色素氧化酶基因 CYP17 所表达的蛋白质参与下形成的。男性主要由睾丸分泌以睾酮为主要成分的雄激素,它是存在于男性 Y 染色体的 SRY 基因所表达的蛋白质启动了别的基因参与而形成的。

此外,女性的卵巢和肾上腺皮质也能产生少量雄激素,男性的肾上腺皮质也能产生少量雌激素。但是男性体内雄激素比较多,女性体内雄激素比较少,雄激素在男女之间的比例大致是 10∶1。正因为存在这种差别,所以才会产生互不相同的外表特征。然而,当体内的内分泌失调,或者长期使用异性性激素药物时,男女各自的副性征可能出现异常。例如男性患者可能因此出现不长胡须、身体发胖、发音尖锐、阴茎保持童年

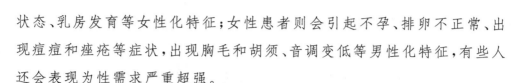

状态、乳房发育等女性化特征；女性患者则会引起不孕、排卵不正常、出现痘痘和痤疮等症状，出现胸毛和胡须、音调变低等男性化特征，有些人还会表现为性需求严重超强。

随着青春期的来临，性需求（或称性欲）开始产生，即产生与异性发生性关系或身体接触的愿望。此后，男性和女性身体内的激素水平逐渐提高，导致性机能趋于成熟，性需求也趋于强烈。如果性需求受到压抑，则会造成青春期性焦虑。男性解决性需求的方法是渴望性行为并通过射精带来快感。女性则可以通过性幻想、爱抚、接吻和性行为等多方面源泉来满足性需求。

科学家告诉我们，两性性需求的发生具有共同的生理基础：一是由性激素、性腺所构成的性内分泌系统，它能够维持两性性欲的基本张力和兴奋性；二是由大脑皮质、脊髓底性兴奋中枢和性感区，以及传导神经组成的神经系统，它们保证人体对环境及时有效的反应能力。人体的基本感觉有五种：视、听、味、嗅、触，其中最能激发性欲的是触觉，例如爱抚和接吻。触觉信息的接收和传递需要通过存在于皮肤和皮下组织内的神经末梢，神经分布越丰富的区域对刺激的反应就越灵敏。在这些体表的敏感区域，有些部位的皮肤尤其容易引起性的唤醒。举例说，嘴唇的皮肤是全身最薄的，表面布满了神经末梢，具有丰富的感受性，所以两厢情愿的接吻能够使双方感受到神奇的快感。

一般科学家认为，性欲是生物本能的一种欲望，有利于繁殖下一代。不过一般而言，大多数动物的性欲只出现在发情期，通常都有一定的季节，例如有的在春天。人类没有明显的固定发情期，但也有人认为人类性欲相对较强的时间也在春天。就一天之内的时间来说，人在早晨性欲会比较强烈，年轻健康男性的生殖器通常会在早晨自然勃起。但是随着年龄增加,这种"晨勃"的频率就会逐渐下降,这也属于正常现象,没有必要因此而担心。

和动物不同的是,人类具有强烈的社会属性,如果不学会控制自己的性欲,就有可能发生性犯罪。其实,对于单身人士来说,不论男女,都可以通过自慰来释放自己的性欲,缓解长久堆积起来的性压抑。实际上,古今中外都存在这种正常行为,据医学专家提供的数据,95%的男性和89%的女性有自慰行为。以前,自慰曾被列为非正常行为,甚至是禁忌行为,这种观点起源于某些风俗或宗教;如今科学家已经为自慰"平反",认为适度的自慰实际上是安全而无害的。适度的标准是:身体可以承受,不影响正常生活、工作和学习;讲究个人卫生;环境隐蔽而不违背公共道德和法律法规。

至于夫妻之间产生性兴奋而过性生活当然是很正常的,某电视剧就有这样的镜头——通常和父母同睡一张大床的一个小朋友说:"爸爸一刮胡子,我就得睡小床"。其实,只要不是勉强的,又没有什么不舒适的感觉,那么就可以过性生活。所谓勉强,女性中是指屈从于男方的性要求;在男性中,指的是有时本来没有什么性趣,却非得靠着看黄色书刊或录像来"激发"自己,甚至强行手淫,以便投入性生活。这是相当有害的,因为男性在每一次射精以后,都会在一段时.间内没有性反应,这是对男人的一种自然保护。

关于婚后的性生活,有些人想知道每次性生活适宜的时长。其实这就因人而异了,不论时间长短,只要双方都能获得性快感而又不感到疲劳和不适就行。一般地说,健康男子从开始到射精,能保持3~15分钟的时间都算正常。

关于婚后的性生活,不少人还希望知道,应当如何掌握适宜的频度。

有些学者认为,衡量性生活频度是否适当的客观标准是,第二天早上是否精神饱满、身心愉快。一般推荐的性生活频度大体是:新婚阶段每周3~5次或更多些;青壮年期每周2~3次;40~50岁每周1~2次;50~60岁每月2~3次;60~70岁每月1~2次;70~80岁每1~2月1次;80岁以上每1~4个月1次。至于年轻夫妻"小别胜新婚",往往会性生活频繁些,那是人之常情,但也要适当节制。

✳ B09 怎样才性感
——性激素二

"性感"一词英文叫"sexy"，这是当代世界很流行、很时髦的一个词，不论国内外，很多人现在都能够大大方方地说出来了；但是，未必都对这个词有统一的理解。目前比较多人认可的一种解释，"性感"就是"异性的诱惑力引起我们对异性情欲的感觉"。说得具体些，就是异性的身材、面貌、声音、气味、穿着、打扮、表情、谈吐、姿势或动作，能让观察者产生性需求、性冲动。记得一位学者曾对青年朋友作过更通俗的解释："性感的意思，就是她能引起你想和她发生性关系"。也有人认为性感这个概念，还应当包括个人特有的气质、魅力和智慧，认为男人或女人的这些内在元素也能引起异性的性反应，包括心理的和生理的。

实际上，性感是性激素的杰作。有不少人都注意到，刚刚步入青春期的少男少女，都会因为看到异性的性感图片而发生性冲动，发现"自己身体里有种奇怪的感觉"，甚至觉得自己"不该长大"，因为"长大就变坏了"，变得"多么下流、多么无耻"。其实，性冲动是由于正在成长的身体加速分泌性激素的结果。岂止是图片，就是听到激发性兴奋的语言信号，或是不经意看到、触到异性的性感部位，或是闻到异性身体上的气息，或是脑子里想到有关性的问题，都会因为性激素的作用而使大脑里的性中枢作出反应。我们无须对此大惊小怪，将事态看得那么严重。大人潜移默化引导孩子将更多注意力集中到学习、工作和适宜的集体活动中就可以了。

据研究，动物和人类接受异性印象的孔道，大致包括视觉、听觉、嗅觉和触觉等方面。例如，雄孔雀在雌孔雀面前张开光彩照人的尾屏，雄鸳鸯在雌鸳鸯面前用喙触碰自己翅翼上一根特别大的橙色羽毛，都能使对方通过视觉唤醒性兴奋。再例如，夏日树上的雄蝉一声又一声地长鸣不息，雄青蛙在生殖季节起劲地呱呱"唱情歌"，都会使它们的异性通过听觉唤起性兴奋。还要提及的是，雄蛙用呱呱"唱情歌"找到雌蛙时，就会双双"抱对"，用这种行为刺激雌蛙排卵，卵排到水里之后才接受雄蛙的精子。又例如，有一种与鹿相近的动物叫作麝，公麝分泌的麝香能使置身远处的母麝通过嗅觉唤起性兴奋。还有，公象会用鼻子先在母象身上抚摸，而后鼻子互相纠缠，蜗牛及某些甲虫以触须相碰，鸟类以喙相厮磨，狗用舌舐或用牙轻咬，这些现象都说明有些动物是通过触觉这个孔道来接受异性印象的。

但是，随着人类文明的演化，视觉已经渐渐领先于听觉、嗅觉、触觉等而成为人们接受异性印象的第一孔道。因此，目前通常所说的性感，基本上都是就视觉这一点而言的，也就是说，我们视力所及的第二性征和其他部位，对于性感的作用是十分重要的。

就女性来说，她们的性感标准历来比较清晰和分明，似乎一直都没有脱离过女性所固有的人体美。据调查，只有很少数的男子潜意识里觉得女性的人体美应该只属于丈夫；而大多数男子则认为，对女性的人体美有兴趣是正常的，富有人体美的女性通常拥有比较高的"回头率"，尽管各人审美结果有所不同，例如有些人比较喜欢苗条的赵飞燕，而另一些人比较喜欢丰腴的杨贵妃。

那么，女人怎样才能使自己富有人体美呢？除了脸庞、身躯、四肢等先天条件之外，得体而适当的打扮也很重要。例如，有些女子穿上一身得体的衣服，会显得容光焕发，浑身充满魅力，令人艳羡不已；而一旦换成长短肥瘦不合身或色彩搭配不得当的衣服，便会马上黯然失色，生气荡然无存。又例如，对于身材高挑、颀长的女子来说，长发飘肩会显得性感和富有魅力；然而，矮个子倘若硬要东施效颦的话，就会显得"头重脚轻"、"比例失调"了。

至于男性本身的性感标准，历来都比较模糊。有人认为，男性性感的第一要素是内在气质，第二是举手投足引起的感觉，第三才是迷人的体形或健硕的外表。例如，美国人物杂志经常把五六十岁的影星评选为性感男人。他们的眼神、皱纹和妙语，都会令人在黑暗的电影院里产生无数幻想。

随着年龄和阅历的增长，女人会渐渐透过男人的表象欣赏他们由内而外的魅力。良好的修养和品格更为男人的性感增添颇有分量的砝码。事实上，很多运动型的性感男人规规矩矩，有家有室，从周一到周五认真工作。他们周围不乏女性倾慕者，可他们对家庭一往情深。

人们往往有一种错觉，以为男性人高马大、肌肉发达就是性感。其实，性感是一种内在的体现，而不是可以随时穿上又随时脱掉的一件外套。有些男人自以为英俊潇洒，所到之处不厌其烦地照镜子自我欣赏，借着车窗照，对着旋转门的玻璃照，走进服装店试衣间对着镜子照，甚至对着马路旁边的雨后积水照。可是他们又能让几个女人觉得性感呢？当然，不同女人眼中的性感元素不尽相同；但无论时尚的潮流怎样变幻，勇敢、谦逊、诚信、敬业都是男人性感不可或缺的内在元素。

❋ B10　为什么女性比男性长寿
——性激素三

世界卫生组织和联合国人口组织多年的调查统计表明,男性寿命平均比女性短5至10年,而且在一些国家,这种差别还在逐年上升。比如,在我国,20世纪70年代男性比女性寿命少1年,80年代少2年,90年代少4年,进入21世纪则少5年。在美国,一般统计是男性比女性短寿7年。在俄国,男性比女性短寿10年。为什么男性寿命比女性短?这是自人类进化以来一个恒久不变的事实和话题。

目前,有不少研究者根据不同事实,对这个问题做出了回答。我们至少可以将答案归纳为以下几个方面。

一、男性一般比女性吃得多。男性天生的能量消耗多于女性,一般男性每天需要6 278 kJ的能量,而女性有4 813 kJ就足够了。因此,男性自然要比女性吃得多。然而,往往过量的饮食会生成更多的损害性自由基,这些自由基会破坏DNA和细胞,从而加快人体的衰老。早在20世纪30年代,就有营养学家用小白鼠做了一个实验,对一组白鼠只保证它们生存所必需的营养,而对另一组则供应充足的食物,让它们能吃多少就吃多少。结果发现,限制摄食组的白鼠500天后骨骼仍在缓慢地生长,寿命长达3~4年;而自由摄食组的白鼠175天后骨骼就停止生长,平均寿命只有2.5年。这虽然是动物的实验结果,但我们也应该引以为鉴。

二、许多男性的生活方式，与女性相比既不科学也不健康。例如，很多男人喜欢抽烟、酗酒，而大家都知道抽烟和酗酒已经是现代社会人类生命和健康的凶恶杀手。俄罗斯男性远比女性寿命低得多，烈性的伏特加酒起了重要的作用。再例如，男性习惯狼吞虎咽或者经常暴饮暴食，因而胃病的发病率比女人平均高出 6.2 倍。而且男人一般进食脂肪和蛋白质类食物比女人多，而食用过多的脂肪和蛋白质是发生直肠癌的一个重要原因。同时，相当多的男人不注意防晒，不注意进行皮肤癌的检查，因此男人死于黑素瘤的可能性是女人的两倍。

三、男人因为雄激素多而太争强好斗。男人血液中的雄激素是易怒好斗、争强好胜的重要因素。尤其常见的例子是由于争强好胜和酒后驾车，男性死于车祸的概率是女性的两倍。据欧盟一些国家和美国的统计，发生交通事故的比率，男司机约占 70%，女司机约占 30%。原因就在于，男性体内的雄性激素在作怪，它经常刺激着男性逞能、斗气、"路怒症"急性发作，渴望得到心理上的满足，往往在超车或并线"憋车"时同正常行驶的车辆相撞，结果车毁人亡。许多证据显示，一种叫作睾固酮的雄激素会令男性冲动、易怒，攻击性和活动力增强。

此外，男性步入中年之后，睾固酮还会增加血液中"坏的胆固醇"（低密度脂蛋白），减少"好的胆固醇"（高密度脂蛋白），提高男人患心脏病和中风的风险。

由于男性拥有较多的雄激素，与争强好胜同时存在的一种心理是"男儿有泪不轻弹"，男人流泪往往被看作是软弱的表现。因此，男性一般不会像女性一样用流泪、哭泣来舒缓、释放自己的心理压力，因而容易"积郁成疾"。

四、男人的工作压力通常比女人的大。由于社会要求男人成为栋梁之才,男性为了事业成功和养家糊口,往往必须超负荷地工作和付出,工作一般比女性紧张,所承受的压力比女性的大,因此男人患心肌梗死而入院治疗的比例较高,据调查是女人的7～10倍,这就是我们通常能见到的"积劳成疾"的现象。

同时,男性对自己健康和身体的态度也影响了他们的寿命。美国的一个调查表明,82％的男性会定期为他们的爱车进行保养,但仅有50％的男性会定期做身体检查。这样一来,便导致男人"小病不察觉,中病熬着干,大病突然死"。如果男性能够及时发现自己身体的异样并且及时诊治,就可以大大降低患病率和病死率。

五、女性拥有两条X染色体。早在1986年,研究人员就发现,人类的性染色体X上有一个基因,对修复DNA损伤具有重要作用。由于女性具有两条大小相同的X染色体,所以细胞修复再生能力更强,细胞更加"持久耐用",延缓老化的能力就相对多了一层保障;而男性的性染色体是一大一小的XY,Y染色体上没有用于修复DNA的那一个基因。事实已经证明,目前知道的200多种遗传病中,男性易得的占75％,女性易得的只占25％。例如,由于第8凝血因子缺乏而引起的血友病(容易出血,不易止血),基本上都发生于男性。此外,红绿色盲、蚕豆病、溶血性贫血、遗传性耳聋、先天性无丙球血症等疾病,也有"重男轻女"、"偏爱男性"的趋势。

六、女性自身的雌激素对于寿命的作用。一般认为,雌激素作用在血管或骨骼上时,能使人变得年轻。女性的雌激素也有利于调节血脂代谢,据调查,女性50岁之前患心脑血管疾病的概率要显著低于男性,是因为雌激素能促进高密度脂蛋白的增高,而高密度脂蛋白俗称"好的胆固醇"、"血管清道夫",是预防冠心病的保护性因子,因此女性在绝经期前,发生动脉粥样硬化的概率也相对比较低。实际上,很多女性在绝经期以后才出现一些心脑血管疾病和骨质疏松,就是因为那时雌激素减少的缘故。近年来,医学研究还显示,雌激素或许能预防老年性痴呆症等脑部疾病。

此外,在男性为什么"折寿"的研究结果里,我们也能从另一角度看到女性比较长寿的其他原因,这包括:女性的生活习惯一般比男性更健康,例如很少抽烟、酗酒,较少闯祸;社会理解女性同时也是母亲、妻子,需要照顾家庭,对女性的工作期待低于男性,因此女性在职场中的压力比男性小。

❀ B11　恋爱为什么会亢奋、脸红、心跳

——激素与多巴胺一

有些研究表明，当人们经历初恋的时候，身体里会分泌一种激素，叫作苯基乙胺(phenylethylamine)，简称 PEA。如果一对男女一见钟情，或者日久生情，这种化学物质可以因为两性之间的眼神、肌肤、肢体等的交流而在大脑中产生，一旦头脑中有了足够多的 PEA，那么爱情也就自然而然地随之降临了，俗话说的那种“来电”的感觉就是 PEA 的杰作。据说巧克力里含有比较多的 PEA，这样看来，当代男女在情人节互相赠送巧克力是有些科学根据的。

然而，PEA 的分泌存在它的另一面，它会使恋人暂时忘记爱情以外的其他因素，一心执着于恋爱本身，因此常言有“情人眼里出西施”、“恋爱中的男女智商为零”等说法。也许因为这个缘故，丁玲小说《莎菲女士的日记》里的女主人公曾经情不自禁爱上“具有骑士般风度”的凌吉士而难以自拔。那么，这种状态将会持续多久呢？据研究，PEA 的浓度高峰因人而异，可以持续 6 个月至 4 年不等，平均不到 2.5 年，据说这和社会学调查得出的数据很接近。有人认为，持续期限的存在可能就是有些恋人之间“掰掰”(分手)的生物学根据。也许因为这个缘故，莎菲女士终于将“丰仪里躲着卑丑灵魂”的凌吉士推出门外，永远不再见他。

研究还表明，当人们经历爱情热恋期的时候，身体分泌的主要是简称为多巴胺(dopamine)的化学物质，它能源源不断、势不可挡地汹涌而

出，刺激肾上腺素（一种激素，文学上曾经称之为"爱情荷尔蒙"）增加分泌量，从而心跳加速、血压升高、脸色潮红、血糖含量上升，以致浑身发热、出汗，心情激动亢奋，并终于双双坠入情网而难以自拔。

多巴胺这种化学物质不属于激素，而属于神经递质，能在同它的特异性（专一的）受体结合之后，在神经细胞之间传递开心、激动的信息，使人感觉兴奋，其中也包括引发人对异性的激情。原来，人脑里存在着数千亿个神经细胞。人之所以能有七情六欲，能控制四肢躯体灵活运动，都是由于脑部信息在这些神经细胞之间畅通无阻地传递的结果。然而，神经细胞与神经细胞之间存在间隙，就像两道山崖中的一道缝，讯息要跳过这道缝才能传递过去。这些神经细胞上突出的小山崖名叫"突触"，当信息来到"突触"时，"突触"就会释放出能越过间隙的化学物质，把信息传递过去，这种化学物质就叫作神经递质，多巴胺就是其中一种神经递质。

2000 年，瑞典科学家卡尔森因为确定多巴胺是脑内信息传递者的角色而赢得了诺贝尔医学奖。诺贝尔奖委员会主席彼得松在本届颁奖的评论中说："一个人的性欲望与性能力统统与多巴胺数量有关，受多巴胺控制。"还说："烟民、酒鬼和瘾君子统统与多巴胺数量有关，受多巴胺控制。"人们在深陷爱河时感受到幸福，或者瘾君子们在"腾云驾雾"时体验到那种欲罢不能的满足感，都是同样的机制在发生作用。

但是，我们无法一直承受心跳过速的状态，于是大脑理智地进行自我调节，使多巴胺逐渐减少和消失，激情也由此变为平静。有人认为，有的恋人会因而"失去爱的感觉"，乃至移情别恋、分道扬镳。也有人认为，在轰轰烈烈地爱过之后，恋人步入婚姻殿堂，身体会分泌内啡肽（endorphin），使他们产生对稳定关系的依恋、温暖、安逸和平静的感觉。

回过头来，我们还接着说多巴胺吧。有学者认为，除了恋爱之外，当我们经历新鲜、刺激或具有挑战性的事情时，大脑中也会分泌多巴胺。一些有趣的研究结果甚至显示，逛超市引发人们的愉悦心情也与多巴胺之间存在一定的联系。超市里琳琅满目的商品就足以使多巴胺浓度上升，于是，即使是只逛不买或者搜寻降价打折，都会令人感觉很有乐趣。

最后，在讨论多巴胺作用的时候，我们应当同时记住的是，这种神经递质必须通过与它的特异性受体结合才能引发兴奋。受体是基因表达的一类蛋白质，人体内的许多化学物质需要结合在相应的受体上，才能发挥作用。科学家们已经通过试验发现，如果人体缺少用以结合多巴胺的受体，就会抑制兴奋。举例来说，一般身材较胖的人，体内都缺乏多巴胺的受体，他们接受食物所给予的刺激往往要比正常人缓慢，因此他们需要更多的食物来满足自己对食物的快感。

✿ B12 为什么“男女搭配，干活不累”

——激素与多巴胺二

美国科学家曾经发现一个有趣的现象。在太空飞行中，有60.6%的宇航员会出现头痛、失眠、恶心、情绪低落等症状。经过心理学家分析，这是因为宇宙飞船上都是清一色的男性。后来，有关部门采纳了心理学家的建议，在执行太空任务时挑选一位女性加入，结果，宇航员先前的不适症状消失了，还大大提高了工作效率。

又据报道，某某小伙子是个广告设计师，办公室里是清一色的男人帮，每天上班都觉得单调、窒息、烦闷。后来有个美术学院毕业的美女加入，他马上就觉得生活充满激情，灵感倍增，工作热情高涨。类似的例子在职场中更不少见，例如男领导喜欢配女秘书，女领导喜欢配男秘书。其实，道理都是一样的，而一般也未必像某些电视剧所演绎的那样，会产生令人尴尬的结局。

不少人还注意到，在同性集中而缺乏异性的生产单位里，例如炼钢厂几乎都是男职工，而纺织厂几乎都是女职工，不论男女职工都容易感觉劳累、焦虑和压抑，劳动效率也不会很高。如果单位领导有见识，能分别调配一些年轻漂亮的异性，让微弱的异性信息素不知不觉扩散在其中，就会变焦虑为平静，化烦躁为安宁。对于这类神奇现象的一种生动描绘，就是我们时而能听到的一句俗话：“男女搭配，干活不累”。

如果深究下去，当人们被问起，为什么喜欢跟异性一起工作时，很多人都无法给出确切的答案，不外是回答说，异性之间能够取长补短，等等。其实在这其中，都是异性相吸的神秘作用，也就是男女彼此靠近而发生化学反应,导致他们和她们都产生一种叫作多巴胺的物质。多巴胺是一种化学物质,全名是邻苯二酚乙胺(dopamine)。它能够促使肾上腺素分泌量增加,提高神经系统的兴奋性,产生亢奋和快乐的感觉。

多巴胺的这种作用,能使男同胞们忘却疲劳、勇往直前。因为在女性面前,男人往往有表现自己和保护对方的欲望。在他们的潜意识里,一方面希望得到女性的赞美和敬佩,从而体验到心理上极大的满足;另一方面又会对弱小的女性怜香惜玉。

多巴胺也不会亏待女同胞。尽管到了现代社会,有更多的女性追求自由与独立,但是内心里她们有时也会希望有男人可以依赖一下,有的人还会出于爱面子而宁愿只向男同事求助或请教。有些女性尽管外表上像是硬汉子,内心却是"水做的",其实她们是想通过自己超群的工作能力,而不是凭借男人的保护,来赢得赞美。而这种赞美同样也会让她们产生多巴胺。

多巴胺和细胞里的各种化学物质一样,也需要通过结合在细胞里特定的蛋白质受体上才能发挥作用。不同的化学物质需要不同的受体。我们通常服用的多种药物,也都是通过结合到细胞里特定的蛋白质受体上才产生疗效的。不同的蛋白质受体是人体细胞里不同基因表达的产物,如果缺乏相应的受体,多巴胺就不能发挥作用,兴奋就会受到抑制。

✳ B13 什么是"点燃爱情的火花"
——性信息素一

  动物细胞分泌到体外的一类化学物质,叫作信息素或外激素,它们在同种动物的不同个体之间,起着沟通、交流信息的作用。例如,蚂蚁能分泌昆虫追迹信息素,它们用于标记路线,使其他的蚂蚁按原路找到合适的食物。再比如,有一种斑点紫苜蓿蚜虫,当受到"敌人"侵袭时,立即释放出一小滴液体,这是告警信息素,它能使附近的蚜虫停止进食而离去。另外还有学者发现,原来月经时间完全不相同的几位女生们,长期居住同一间宿舍之后,月经周期竟然逐渐地同步起来。这种现象被认为是人类外信息素起作用的证明。

  生物的信息素当中,和异性个体之间的沟通、交配有关的,叫作性信息素或者性外激素。例如,雌性蝗虫在远处的草丛中分泌性信息素,雄蝗头上的一对触角会像电视接收天线一样,准确无误地接收到这种信号,及时飞来交配。又例如,飞蛾中的雌虫,身体能分泌出一种特殊的化学物质,也就是性信息素,它的气味传播开去能把雄虫从遥远的地方招来。

  据研究,人类的性信息素是从汗腺和皮肤表层细胞发散出来的挥发性化学物质。目前认为人类性信息素最有可能的化学成分,男性是雄二烯酮,女性是雌四烯醇。它们最密集的发生部位是人中(鼻子底下)、腋下(俗称胳肢窝)以及鼠蹊(腹股沟)。所释放出去的分子都承载着独一无二的个人化学信号,尽管剂量极低而没有什么味道,但人类鼻子里微小的犁鼻器能接受这种物质并传送给大脑中枢。这时,负责内分泌和性

106

行为的下丘脑就会被激活,产生刺激、兴奋的感觉,从而影响人们的与社交、求偶有关的情绪、欲望、性取向(例如:同性恋)以及异性吸引力。难怪国外有一位人类学家形容人类的性信息素是"点燃爱情的火花"。

但是,这种人人皆有的"火花"并不能随意成功点燃异性之间的爱情。能不能成功"点燃爱情",比方说,某一对男女之间能不能"一见钟情",生理上首先取决于相互之间是否"气味相投"。在国外一个严谨、规范的实验中,49位未曾结婚、怀孕的女性被要求通过嗅闻T恤衫选择最喜欢、最愿意与之生活的男性的气味。然后将选择结果分别与男女双方的HLA基因进行比对。HLA基因是一组紧密连锁的基因群,它所编码的蛋白质叫作"主要组织兼容性抗原"。比对结果发现,女性喜欢的是HLA基因和自己相近而又不完全相同的男性。研究人员认为,这种选择结果有利于产生免疫系统健康的后代,而选择过程依靠的是气味。据说以上单项试验的结论已经发表于具有国际权威的《自然——遗传学》杂志。

当然,单纯因为"气味相投"而乐于亲密交往的一对男女之间未必都能"天长地久"。一来是因为这种"相投"通常只有4年的"保鲜期";二来是因为人类的大脑还能识别这种"气味"以外的其他方面是否"相投",从而做出最佳选择。于是,我们的一些电视剧就能够由此取材,演绎出一场又一场令人悲喜交加、起伏跌宕的剧情来。

✿ B14 "石榴裙下死，做鬼也风流"吗
——性信息素二

　　北京等地区有一种严重危害十字花科蔬菜(如白菜、萝卜、甘蓝、花椰菜)的害虫叫作菜蛾(它的幼虫俗称"吊死鬼")，农业科技人员为此设计了仿生捕虫器，模拟雌虫释放性信息素，引诱雄虫前来"亲密幽会"而加以捕杀。那些雄虫们虽然甘冒"石榴裙下死"的风险，结果却是"做鬼不风流"，还落个断子绝孙的下场。于是，害虫的虫口密度下降了，人类保护蔬菜的目的达到了。

　　科学家告诉我们，性信息素是属于非蛋白质类的激素，并不是基因直接表达的蛋白质，但是它们的生成需要经过基因表达产物参与的一系列生物化学反应。这类激素存在于几乎所有动物中。但是它又不像另外一些激素那样，分泌到体内器官，而是分泌和释放到体外，成为同种个体之间的联络信号。例如，麝香就是公麝肚脐和生殖器之间的腺囊在发情季节分泌出来的性信息素，香味可以传播到几公里之外，吸引雌麝前来交配。还有许多蝴蝶，双飞双栖，也都是靠这种性信息激素在相互吸引。

　　实际上，有许多种类的昆虫在性成熟时，都能向体外释放具有特异气味的微量化学物质，引诱同种的异性昆虫进行交配，这些化学物质也就是昆虫的性信息素。性信息素多半由雌虫分泌和释放，引诱雄虫前来交配，以便雌虫繁衍后代。据估测，每只雌蛾约能分泌 0.05～1 微克的性信息素物质，可将距离几十米或几百米，甚至几公里外的雄蛾引诱到一起交配，这种物质在交配前还会激起雌蛾本身的性兴奋。

目前已知有性信息素的昆虫有300余种,其中有100种以上已能分离提纯,有30余种可以人工合成。我国已成功地合成了棉铃虫、梨小食心虫、松毛虫等的性信息素,用于诱杀害虫。

人工合成的雌性信息素制剂,除了可用来诱集雄虫,然后直接用粘胶、毒药或其他方法杀灭之外,还可以散布在害虫大发生的地块,使雄蛾无法区别出雌蛾本身所释放出来的性引诱物质,从而迷失寻找雌蛾的方向,减少了交配的机会。

另一种防治害虫的方法,是用性信息素制剂与绝育剂配合使用。先用性引诱物质将雄蛾诱集,使雄蛾的足跗节接触绝育剂膜,即可产生绝育药效;然后,将绝育的雄蛾放回田间,与野外的雌蛾交配,结果雌蛾产出的是不受精的卵,这样,这些害虫就绝后了。据报道,这种方法在松毛虫雄蛾上应用,防治效果达到了90%以上。

在早先,当农作物遇到虫害时,种植者首先想到的是喷施化学农药进行防治,正是由于化学农药的频繁使用,造成害虫的抗性逐渐增强。而为了控制害虫,种植者又不得不更频繁地施用农药。最后的结果是害虫抗性越来越强,天敌越来越少,种植成本越来越高,环境污染越来越严重,蔬菜等农作物农药残留超标,食品安全问题日益突出。而今提倡使用生物防治,包括利用性信息素制剂,相信我们的农业生产面貌和群众生活质量将会进一步改观。

❀ B15　怎样做到养鸡多养母鸡

——性连锁一

有时候，家养动物的价值会因为性别不同而不同，控制性别会产生更大的经济效益。例如，农民一般都喜欢多养母鸡，这不仅因为母鸡能下蛋卖钱，而且通常用于熬汤的老母鸡也很受顾客欢迎。那么，怎样才能在雏鸡时期就准确地分出性别来呢？在早的养鸡户，通常采取给雏鸡逐一翻肛的方法来鉴别雌雄，往往产生对雏鸡的不良刺激，而且，在生产规模大的情况下，显得工作效率低下。

稍后有人提出，用芦花羽毛母鸡和非芦花羽毛公鸡交配，所得雏鸡当中表现芦花的都是公鸡，表现非芦花的都是母鸡。所以，养鸡户专门选择其中非芦花的雏鸡就选到母鸡了。这个办法简单，也符合遗传学原理，但是可行性受到限制，交配所使用的母鸡必须具有芦花性状。

现在多了一项鉴别依据。已经知道，使雏鸡表现浅黄色绒毛的是银色羽基因 S(显性基因)，使雏鸡表现深黄色绒毛的是金色羽基因 s(隐性基因)，这一对基因位于鸡的性染色体 Z 上，浅黄对深黄是显性性状，深黄是隐性性状。也就是说，当这一对杂合的基因同时存在于同一只雏鸡身上时，这只雏鸡表现浅黄，只是不存在浅黄基因时，才表现深黄。

又知道，母鸡的性染色体是一大一小的，通常标记为 ZW，公鸡的性染色体是两条一般大的，通常标记为 ZZ，它们都拥有 Z 染色体，所以母鸡和公鸡都携带以上毛色基因。

因此可以设想，如果养鸡户固定选使用携带 S 基因的母鸡(标记为 Z^SW，它在雏鸡时期表现浅黄)，同一只携带 s 基因的公鸡(标记为 Z^sZ^s，

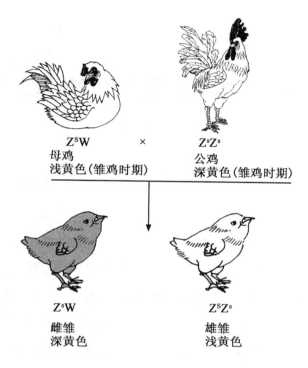

图 B15-1　雏鸡性别与绒毛色的连锁

它在雏鸡时期表现深黄)交配,那么,所孵出的雏鸡中,雄性(Z^sZ^s)必定表现浅黄绒毛,而雌性(Z^sW)必定表现深黄色绒毛。为什么呢？这是因为 Z^sW 和 Z^sZ^s 交配的情况下,公鸡的性染色体 Z^s,在同母鸡的 Z^s 结合时,所产生的雄性雏鸡 Z^sZ^s 将表现显性性状浅黄色;而在同母鸡的 W 结合时,所产生的雌性雏鸡 Z^sW 将表现隐性性状深黄色。

这样,养鸡户就容易根据绒毛颜色识别雏鸡的性别,把雌性雏鸡(深黄色绒毛)选出来饲养。这种鉴定方法比较简便,而且准确率很高。

✿ B16　怎样做到养蚕多养雄蚕
——性连锁二

在饲养动物的时候,性别的选择往往关系到商品价值。养牛、养羊、养鸡、养鸭,一般都喜欢多养母的,为的是获取更多的奶或蛋。但是,养蚕却是相反。由于雄蚕吐出的丝,品质和产量都比雌蚕的高,并且雄蚕比较耐粗饲,好比是学习努力、工作积极,同时又不娇气、不挑食的孩子,所以蚕农偏爱雄蚕,希望多养雄蚕。那么,怎样才能在幼蚕期就把雄蚕挑出来饲养呢? 这就需要让雌雄幼蚕具有不同的标志。正常的蚕倒是有黑卵和白卵之分的,然而同性别无关,因为决定蚕卵颜色的一对基因不在蚕的性染色体上,而是位于蚕的10号常染色体上。生物性染色体以外的染色体都叫作常染色体,它们一般是以染色体长短为顺序来编号的。

让雌雄幼蚕具有不同标志的技术问题现在解决了。这个技术是根据遗传学原理创造出来的。科学家告诉我们,蚕的性别是由性染色体决定的,雌蚕的性染色体是大小不同的两条,分别用 Z 和 W 来表示;雄蚕的性染色体是大小相同的一对,用 ZZ 表示。早几年,动物育种家用杂交和辐射相结合的方法,选育出了一种变异的黑卵雌蚕,她的10号常染色体携带的是白卵基因,而黑卵基因(B)被转移到了性染色体 W 上。这种变异了的黑卵雌蚕,现在已可以利用为杂交亲本。

怎么利用呢? 如果蚕农用这种变异的黑卵雌蚕(性染色体为 ZW,

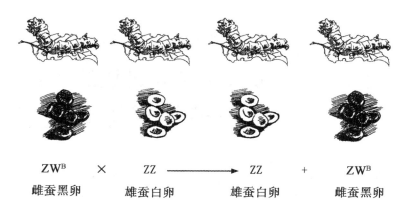

ZW^B　　×　　ZZ　⟶　ZZ　+　ZW^B
雌蚕黑卵　　　雄蚕白卵　　　雄蚕白卵　　雌蚕黑卵

图 B16-1　家蚕性别与卵色的连锁

黑卵基因位于 W），同正常的白卵雄蚕（性染色体为 ZZ，没有黑卵基因）
交配，那么，雌蚕的许多卵细胞，带的性染色体要么是 Z，要么是 W；而雄
蚕的许多精子，带的性染色体只能是 Z。受精和此后发育的结果，产生
ZZ 和 ZW 两种幼蚕，其中 ZW 将是雌性，W 染色体带着黑卵基因，所以
卵是黑色的；而 ZZ 将是雄性，因为不具有黑卵基因，所以卵是白色的。
总而言之，这种交配方式得到的幼蚕中，黑卵基因只出现在雌性所特有
的性染色体 W 上，也就是说，蚕卵的颜色同蚕的性别发生了连锁遗传。
这样一来，蚕农就可以通过白卵这个标志选到雄性的幼蚕了。在现代化
生产中，蚕农还能够利用电子光学识别仪，高效率地将不同颜色的蚕卵
分拣出来，用于孵化和饲养雄蚕。

✳ B17　她们能否生出健康的子女

——性连锁三

儿童当中有一类疾病叫作佝偻病,通常认为是缺钙造成的。其中有一种佝偻病补钙之后却不见效,于是又补充维生素 D,试图以此增强钙的吸收。然而,维生素 D 的摄入量已超过一般需要量而仍然不见好转。这就是抗维生素 D 佝偻病。这种病通常以字母"O"形腿或"X"形腿为最早症状,其他佝偻病体征很轻,因而不被家长注意。较重的病例有进行性骨畸形和多发性骨折,并且有骨骼疼痛症状,下肢尤其明显,甚至不能行走,同时表现严重畸形,身高的增长也多受影响。此外,还有牙质较差、牙痛、牙齿容易脱落而不容易再生的表现。

已知这种抗维生素 D 佝偻病的发病原因是由于肾小管对磷的总吸收能力和小肠对钙、磷的吸收能力都不健全,造成尿磷增加,血磷降低,使患者的骨质钙化不全。它属于遗传病,由抗维生素 D 的显性基因决定,位于人类的性染色体 X,标记为 X^D。基因组成为 $X^D X^D$ 和 $X^D X^d$ 的女性都表现患病,基因组成为 $X^d X^d$ 的女性不患病,基因组成为 $X^D Y$ 的男性患病,基因组成为 $X^d Y$ 的男性不患病。

那么,根据这里所列的基因组成,您能不能分析一下:一个男患者和一个女患者结婚,有没有可能生出健康的儿子或女儿呢?(参见图 B17-1)

下面再请教您另外一个问题。据说,有一位遗传咨询医生遇到一位 23 岁的李姓女子,怀孕 9 周,希望能和常人一样生一个健康的孩子,只是因为具有肌萎缩病家族史而犹豫不决。具体地说,她父亲在 30 岁的

$$X^DX^d \times X^DY \longrightarrow X^DX^D + X^DY + X^DX^d + X^dY$$

母亲　　　父亲　　　　女儿　　儿子　　女儿　　儿子
患病　　　患病　　　　患病　　患病　　患病　　健康

图 B17-1　抗维生素 D 佝偻病的遗传

时候就死于肌萎缩;她叔叔也是因为患这种病而去世的;她姑姑生育了
两儿两女,大儿子已经由于肌萎缩而不得不依靠轮椅。因此,李女士前
来医院咨询,以便决定要不要把孩子生下来。接受咨询的医生懂得这种
疾病的致病基因是位于 X 染色体的隐性基因,那么,您认为咨询医生将
会怎样正确地回答李女士呢?

　　需要在这里向您事先说明:遗传咨询是运用医学遗传学的基本原
理,对前来咨询者提出的有关遗传学问题予以解答和商谈的过程,又叫
作遗传商谈。在这一过程中,咨询医生不仅要关注咨询者所遇到的生理
问题,和她所承受的心理伤害,更要向咨询者解释疾病的发病原理、致病
基因的传递方式,以及她子女发病的风险。

✳ B18　色盲的母亲能否生出不色盲的儿子
——性连锁四

朋友们可能都已经知道,许多动物的性别决定同性染色体有关。人类也是如此,女性的性染色体是大小相同的一对,标记为 XX;男性是大小不同的两条,标记为 XY,其中的 X 染色体和女性的一样大,而 Y 染色体小得多。但是,我们同时又应该料想得到,在性染色体上可能还存在用于决定其他性状的基因。事实正是如此,科学家早就发现,人类的性染色体 X 上存在着和红绿色盲有关的基因。红绿色盲是一种眼病,患者分不清红与绿,据说早先还未发现这种病之前,国外有一位铁路扳道夫因为分不清铁路上的红绿灯,而引起对开的两列火车相撞。

科学家后来知道,当女性的两条 X 染色体上都存在这个红绿色盲基因时才表现色盲,换句话说,同时存在色盲基因和正常基因时,表现为正常而不会色盲。男性呢,只要他拥有的唯一 X 染色体存在这个色盲基因,就会表现色盲,他的 Y 染色体与色盲无关。因此,红绿色盲这种性状在遗传上总是和性别联系在一起。例如,色盲的母亲可以生出不色盲的女儿,然而不可能生出不色盲的儿子。

$$X^cX^c \quad \times \quad X^CY \longrightarrow X^CX^c \quad + \quad X^cY$$

母亲	父亲	女儿	儿子
色盲	正常	正常	色盲

图 B18-1　人类红绿色盲的遗传

这究竟是怎么回事呢? 我们现在不妨对上面这个实例做个分析。

如果母亲经过体检已知表现色盲,我们就可以推断她的两条 X 染色体都携带色盲基因,因此她的所有卵细胞都会携带色盲基因。如果父亲经过体检表现正常,则可以推断他含有 X 染色体的精子携带的将是正常的不色盲基因。因此,这对夫妻所生的女儿(性染色体为 XX),两条 X 染色体分别来自母亲和父亲,一条来自母亲的 X 染色体携带的虽然是色盲基因;但是另一条是来自父亲的 X 染色体,所携带的是正常的不色盲基因,有了这一个正常基因,就足以使她表现正常,而不至于色盲。

　　然而,如果这对夫妻生的是儿子,性染色体组成是 XY,其中的 X 染色体存在色盲基因,而来自父亲的 Y 染色体不携带正常的不色盲基因,与色盲无关,救不了他,所以他只能表现色盲。所以我们在这里说,红绿色盲的母亲还是生个女儿好。

　　我们上面讲到的,生物性状的遗传和性别联系在一起的这类现象,就叫作性连锁。这个事例中讲到的红绿色盲基因,属于隐性基因,而正常、不色盲基因属于显性基因。就是说,当有一对基因同时存在时,生物体的性状往往只显现其中一个,而隐藏另一个。除了人类红绿色盲之外,像玉米籽粒的有色还是无色,粉质还是糯性,也是这个道理。至于哪种表现属于显性性状,哪种表现属于隐性性状,那就得具体分析了,需要通过前人或自己的实验才能得出正确结论。

❀ B19　传子不传女的“独门秘笈”
——父系遗传

我国古代封建社会里，由于女儿长大了终究要出嫁，所以某些创造发明的“独门秘笈”，某些技术能手的“绝活”，往往只有男性后裔才拥有继承权。如果有哪一家把秘笈传给了女婿（我国北方俗称“姑爷”），说不定就会演绎出一段利害纷争、情感纠葛的故事来，从而成为当今编撰电视剧的素材。

我们人类细胞里的 Y 染色体，就像是以上说的“传子不传女的独门秘笈”。怎么说呢？原来，我们人类的一对性染色体，男性的是一大一小，标记为 X 和 Y，所以精子里的性染色体有带着 X 的，也有带着 Y 的。女性的性染色体是大小相同的两条，标记为 XX，所以卵细胞里的性染色体只有 X 染色体一种。精子和卵细胞结合的时候，男性的 X 遇到女性的 X 时，将会生出女儿；如果是男性的 Y 遇到女性的 X，那么，出生的将是儿子。由此可见，Y 染色体是男性特有的“专利”，从传代的意义上来说，我们可以将 Y 染色体比作“传子不传女”的秘笈，它只传给儿子、孙子、曾孙子，乃至当今人类的亿万男性后代。

正因为如此，有些学者试图利用对 Y 染色体的 DNA 分析，作为追踪家族血缘关系的辅助手段，认为不同人群之间 Y 染色体 DNA 分子结构的相似性，有可能成为家族血缘关系相近的证据。

本来，在很早以前，姓氏就用以追踪家族血缘关系。因为在我国，子女的姓氏一般都随父亲，属于父系遗传，通过是否同姓来寻找血缘关系自然比较方便。可是，我国姓氏的来源实际上又存在着多种复杂的情况,例如,避祸改姓、避讳改姓、过继改姓、皇帝赐姓与贬姓、兄弟民族使用汉姓等问题,都会给准确追踪家族血缘关系带来不少困难。

　　后来,编修家谱的传统对厘清这种纷繁复杂的血缘关系有过很大帮助,因为入谱者必须是同宗共祖。即使同姓,若不同祖,也不能修入同一部家谱之中。然而,已经发现某些家谱里竟然存在着假托、借抄的内容。有的家谱是私人撰修,往往华而不实、言过其实,尤其是假托名人为先祖,捏造先人功名、官迹等方面问题最多。因此,对于家谱资料的应用必须审慎。值得庆幸的是,现在有了 Y 染色体 DNA 分析的手段,任何家谱都可以得到检验和修正。姓氏、家谱和 Y 染色体 DNA 的关联研究,或许将会成为研究中国人家族血缘关系的重要方式。

✳ B20　一个孩子俩亲妈，你信吗
——母系遗传一

　　不论男性或女性，细胞里都有线粒体，线粒体里也有DNA。但是线粒体只能来自母亲。这是因为，在受精成功之后，受精卵里存在着父亲的半数染色体、母亲的半数染色体，以及母亲的线粒体，而不存在父亲的线粒体。线粒体可以比作妈妈娘家的传家宝，从姥姥（外婆）传给了舅舅和妈妈，又从妈妈传给了儿女。姥爷（外公）、舅舅和爸爸的线粒体都不会传给后代。因此总的来说，一对双亲当中，母亲对儿女遗传信息的贡献比父亲的大。

　　由于任何人细胞里的线粒体都只来源于母亲，是历代有资格过母亲节的女性们将DNA结构基本相同的线粒体一代又一代地传下来，所以国外有些学者利用对线粒体的DNA分析，追踪现存人类共同的女性祖先。他们对比了不同人群之间线粒体DNA的差异，认为差异是发生突变的结果，而一个突变的发生需要经历若干年代，所以差异越大就说明共同女性祖先出现的年代越是久远。根据这样的线粒体DNA对比分析和推算，他们得出了这样的结论：世界上现存人类在20万年前就有共同的女性祖先。他们还把这一群女祖先称为"线粒体夏娃"。很多人都知道，夏娃是《圣经》故事里人类最早的一位女性祖先，据说她原本是最早的一位男性祖先亚当身上的第七根肋骨。由于他俩相处、相爱到结婚，结果一代又一代传下了当今世界数以亿万计的男女。

　　线粒体是生物的"能量发电机组"，它不但拥有自己的基因，并且还能和染色体基因共同作用，影响生物体的某些性状。人类也一样。人体细胞里的线粒体基因一旦发生突变,就有可能导致精神障碍、肌肉无力、失明、癫痫、心脏衰竭、老年痴呆症甚至死亡。这些疾病的表现属于母系遗传,因为引起后代个体这些疾病的异常线粒体,只能是母亲传递下来的。所以,人类为了获得健康正常的子女,不但要求来自父母双方的染色体基因正常,而且要求唯独来自母亲的线粒体基因也正常。

然而据报道,英国每年出生的婴儿竟然有 1/6 500 是线粒体存在缺陷的。因此,科学家已经着手研究,通过替换线粒体的办法来解决这个问题。这种替换线粒体的操作,需要在培育试管婴儿的过程中进行。

试管婴儿技术,通常用于帮助不孕、不育夫妻生儿育女。例如,夫妻双方的生殖细胞虽然都正常,如果妻子输卵管不通,成熟的卵子就无法到达子宫与精子相遇而受孕。这时,需要分别取出卵子和精子并保存于同一试管,在实验室培养条件下实现卵子和精子的融合,然后选择受精卵所形成的极早期胚胎置入子宫,使它正常发育,直到分娩。

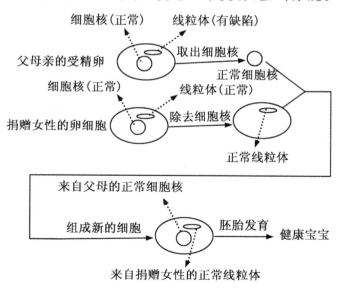

图 B20-1　一个孩子俩亲妈的由来

为了替换线粒体而采用试管婴儿技术时，采用的仍然是夫妻结合形成的受精卵，其中的细胞核被保留，但是线粒体被另一位女性捐赠的健康线粒体所取代。这样做的结果，试管婴儿将拥有父母双方的染色体基因和另一位女性的线粒体基因。从遗传学意义上说，这个孩子拥有两个生母。只是由于社会伦理的需要，有人认为这个孩子将不应当知道自己的线粒体来自哪一位女性。

　　据英国《新科学家》杂志网站 2016 年 9 月 27 日报道，采用上述技术获得的世界首例拥有"一爹两亲妈"的婴儿（男）已在约旦人的一个家庭里诞生了。报道时这位男婴已经 5 个月大了。

✳ B21 雌蚊治蚊，遏制"登革热"
——母系遗传二

"登革热"是一种热带流行病，我国广东等地也深受其害。它以蚊子为媒介传播登革病毒，会导致人类骨痛、出血甚至死亡。"登革"这个名字很可能起源于非洲土著居民的语言，意思是"恶魔附体"，可见登革热是一种令人闻之色变的流行病。据世界卫生组织统计，全球每年约有数百万人感染登革热，死亡人数超过 2 万，全球有 40% 人口受到它的威胁。在医学界，如何控制登革热的传播一直是个世界性难题。不久前，我国科学家和外国科学家合作破解这个难题，取得了可喜的研究成果。

研究者发现，有一种叫作沃尔巴克氏的细菌，广泛存在于昆虫体内。大多数种类蚊子是不传播登革热的，它们也都是沃尔巴克氏菌的携带者。偏偏巧合的是，传播登革热病毒最厉害的两种蚊子（埃及伊蚊和白纹伊蚊）天然地都不携带沃尔巴克氏菌。因此推论，沃尔巴克氏菌能够抑制登革热病毒。

于是，他们从果蝇（一种常见于水果摊的小昆虫）体内分离出这种沃尔巴克氏菌，利用显微注射的方法，注入到传播登革热最厉害的蚊子（埃及伊蚊）的胚胎细胞里，经过培养，成功地获得了和沃尔巴克氏菌共生的蚊子新类型。经过"蚊子工厂"饲养、繁殖，然后放飞这种新类型蚊子的实践表明，携带沃尔巴克氏菌的雌蚊无论跟哪种雄蚊交配，都会产生携带沃尔巴克氏菌的子代。从理论上解释，由于沃尔巴克氏菌只存在于细胞质，所以只能通过雌蚊传递到子代。科学家早已告诉我们，生物在受精卵形成过程中，雄性生殖细胞（精子）只贡献半数染色体，而雌性生殖细胞(卵细胞)则不仅贡献半数染色体,而且贡献细胞质。

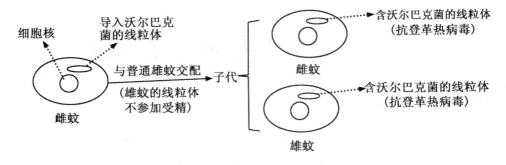

图 B21-1　利用雌蚊遏制登革热病的原理

　　以上实践实际上增强了携带沃尔巴克氏菌的雌蚊的生殖竞争力。如果一个蚊子种群中出现了一些这样的雌蚊,那么随着蚊子一代代地繁殖,携带沃尔巴克氏菌的蚊子在整个种群所占百分比将逐步升高。那么,经过若干代之后,整个种群都会携带沃尔巴克氏菌,也就是说,这个种群将会变成能够抑制登革病毒的种群。事实上,蚊子的繁殖周期极短,常温下仅有 10 天。这意味着,沃尔巴克氏菌的扩散速度很快,只需3~4 个月就能完全改变一个蚊子种群。广东一个小镇的实验结果表明,不到 4 个月,小镇里已经找不到没有携带沃尔巴克氏菌的蚊子,登革热疯狂传播的势头被遏制了。

B22　杂交稻是怎样炼成的

——母系遗传三

袁隆平创造的我国籼型高产杂交水稻为什么高产？这是因为它的种子集中了亲缘关系很远的两组不同的染色体基因，能产生杂种优势。但是，杂交水稻植株上收获的籽粒只能作为粮食使用；如果接着用这些籽粒当种子的话，那两组基因就会发生分离和重新组合，导致后代植株表现为五花八门，保持不了高产。因此，农民为了年年获得高产，就需要年年向种子公司购买杂交种子。

那么，种子公司出售的杂交种子是怎样制造出来的呢？这个制造过程叫作“制种”，做法是配置亲缘关系很远的父本和母本，通过它们之间进行杂交来获得杂交种子。

由于水稻是自花授粉植物，雌蕊很容易接受和她坐在同一朵花里的雄蕊散放的花粉，所以我们必须想办法避免母本自花授粉，让母本的雌蕊能够只接受父本雄蕊散放的花粉。什么办法最好呢？袁隆平采用的办法是将母本加以改造，使得它的雄蕊不产生有生活力的花粉，以便雌蕊只接受父本依靠风力传播过来的花粉。这种母本叫作雄性不育系，简称不育系。将雄性不育系和父本种在同一块制种田里，就可以在雄性不育系植株上收获杂交种子了。由于这种杂交种子能够产生有生活力的花粉，所以我们将它的父本称为恢复系，顾名思义，它具有恢复雄蕊生育能力的功能。

制种田：

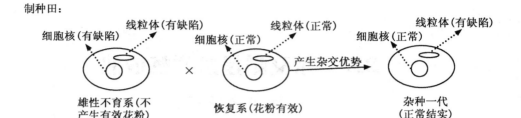

雄性不育系繁殖田：

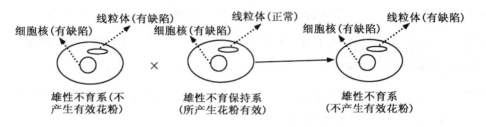

图 B22-1 三系杂交水稻制种原理

与此同时，为了给来年的制种田准备母本，还需要另外找一小块地种植不育系，让保持系给不育系授粉，这样一来不育系才能得到繁殖。所谓保持系，就是这样一种植株，它散放的花粉能使不育系结出籽粒，而不改变不育系的其他特性。

以上讲到的雄性不育系、保持系和恢复系，就是为制造杂交水稻种子，而配套使用的"三系"。

说到这里，我们可以归纳一下杂交水稻制种过程的遗传学原理：

不育系的染色体基因（即细胞核基因）和线粒体基因都有缺陷，所以才表现雄性不育，能很好地只接受制种田父本的花粉；

保持系的染色体基因有缺陷，但是线粒体基因正常，所以本身表现雄性可育，即花粉表现正常。因此，它的花粉能将有缺陷的染色体基因

带给不育系,使不育系保持雄性不育;

　　恢复系的染色体基因和线粒体基因都正常,所以雄性可育,能正常授粉给雄性不育的母本,产生具有生育能力的杂交种子。

　　由此可见,其实是利用了有缺陷的线粒体才实现"三系"配套的。世间万物确实比较复杂,有时需要我们学会逆向思维,在一定条件下把坏事变成好事,利用坏事做好事。

C篇　健康生活闲言

　　健康和疾病是人类生活的重要领域之一，它同生命密码和环境因素息息相关。

　　本篇主要讨论的，正是生命密码和环境因素在这个领域里的应用。

　　如果你愿意关注亲人、朋友和自己的健康生活，请不妨也浏览一下本篇。本篇无意教你学做医生，但愿有助于你和你身边的人能更加自觉地配合医生，做一个健康人。

✻ C01 亲上加亲好不好
——近亲婚配的遗传效应

国内一个包含 634 个家庭的调查结果表明,在近亲结婚和非近亲结婚的家庭中,虽然亲代的若干遗传病的总发病率几乎相同,分别是 0.32% 和 0.29%,但是子代发病率差异相当悬殊,分别是 35% 和 2.1%,近亲结婚子代发病率是非近亲结婚的 17 倍。就先天性聋哑这一遗传病来说,虽然以上两类家庭的亲代都没有人患这种病,但是近亲结婚家庭的子代发病率为 5.9%,非近亲结婚家庭的子代发病率为 0.8%,前者相当于后者的 7.4 倍。

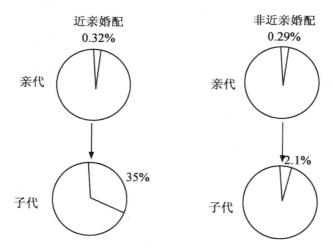

图 C01-1 近亲婚配与非近亲婚配的遗传病发病率

以上事实说明,近亲婚配增大了隐性致病基因发生纯合的概率,从而使这些遗传性疾病在群体里有更多的表现。说得通俗些,与致病有关的一对基因,往往其中有一个是正常的时候,不会表现症状,只在两个都是异常的时候才表现症状。在近亲范围之内,人与人之间具有相同异常基因的可能性比较大,所以,这两个异常基因组合到同一个孩子身上的机会比较多。实际上,人类有不少基因和遗传性疾病有关,例如白化病和大部分的先天性聋哑,都是某一对基因是纯合隐性时才表现症状。尽管许多正常人当中也存在白化基因、聋哑基因或者其他遗传性疾病的基因,但是并不表现白化、聋哑或其他遗传性疾病,因为他们是这些基因的杂合体。在正常婚配中,父母双方带有相同的隐性基因并将它们重组到子女身上成为隐性纯合体的概率很低。然而,在近亲婚配中,这种机会就大得多。

此外,一些事实还表明,相对于正常婚配,近亲结婚双方亲缘关系越近,子女发病率越高;而且越是罕见的遗传病,子女发病率也越高。然而,有些地方还保留着近亲结婚的陋习和观点。有些人甚至还传唱着"姑做婆,最贴心;姨做婆,亲上亲;亲上加亲才放心"的旧歌谣,并且举出近亲结婚没有产生患遗传病子女的个别事例,企图抱着侥幸心理赌一把。其实,我国1980年颁布的婚姻法已经明文规定三代以内近亲禁止婚配。这里所说的"三代以内近亲",具体包括父女、母子、祖孙、同胞兄妹、叔侄女、舅外甥女、堂兄妹和表兄妹。这不仅关系到家庭的幸福,还关系到人口素质和社会负担。

国外一个突出的实例是,伟大的生物学家达尔文早年也犯过近亲结婚的错误,妻子是他亲表姐妹。他们婚后生了6个男孩和4个女孩,其中2个女儿幼年夭折,一个女儿和两个儿子终生不育,其他儿女也体弱多病、智力平平。达尔文为此感到十分苦恼和内疚。在达尔文生活的19世纪,富裕家族堂表亲联姻并不罕见,据统计,当时英国有10%的人口都是近亲联姻,这种结合背后的主要动机是维护家族产业、维持家族的影响力。

然而,当时的人们也已开始察觉,"近亲结婚会造成后代天生聋哑或失明"。1870 年,达尔文写信给他的邻居、英国议员约翰·鲁博克,建议在第二年的全国人口普查中,调查第一代和第二代近亲结婚的人口状况,以研究家族间频繁近亲结婚对后代成员健康状况的影响,但是这个要求被拒绝。

据 2010 年 5 月报道,美国《生物科学》杂志刊登了美国和西班牙研究者的一项发现,认为家族谱系中频繁的近亲结婚行为是导致达尔文家族悲剧的根源。研究者查看了达尔文及其妻子韦奇伍德家族的族谱,比照了两个家族 4 代人、25 个核心家庭的 176 名成员。家族溯源发现,达尔文的外祖父和外祖母都姓韦奇伍德,属三代旁系血亲。达尔文的母亲原姓韦奇伍德,嫁给了达尔文家族,而达尔文本人又娶了韦奇伍德族人、他的嫡亲表姐妹爱玛为妻。研究人员将达尔文—韦奇伍德家族的联系输入一个特制的电脑程序,计算出两人的"近亲系数"为 0.063。也就是说,达尔文的孩子从父母身上继承的基因中,有 6.3% 的基因是相同的,这些孩子都属于"中等级别近亲结婚的产物"。以下图 C01-2 列出了达尔文家族三代近亲婚期配的情况。

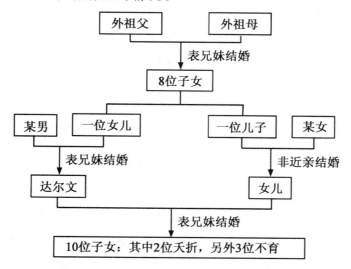

图 C01-2　达尔文家族的三代近亲婚配情况

❋ C02 巨人症的故事
——生长激素过量与巨人症

我国有一位女性名叫姚德芬,身高 2.36 m,曾被报道为"亚洲第一女巨人"。这种异常的身高,同生长激素的过量分泌有密切关系。生长激素是人体生长激素基因在脑垂体表达的一种蛋白质,具有促进人体生长的作用。这位女巨人被确诊是因为脑垂体长了一个瘤,导致生长激素分泌异常而患了"巨人症"。无独有偶,曾经被报道为"亚洲第一巨人"的男性叫作王锋军,身高 2.45 m,也是巨人症患者。他们曾经因为在我国某地同一家医院治疗而相识。他们不仅不幸患了相同的疾病,而且也因病而经历过相似的世态炎凉、人情冷暖。可遗憾的是,最终都因为疾病恶化而先后去世,没有让善良的人们盼到电视剧里通常出现的美好结局。

世界上因为这种疾病而表现为身高异常的,还不乏其人。例如曾经有一篇报道谈到,迄今已知"无可争议的最高的人"是美国人罗伯特·沃德洛,1940 年他去世前的身高为 2.72 m,最高的女性是中国湖南省的曾金莲,她 1982 年去世时身高为 2.48 m。

我国著名篮球运动员穆铁柱,身高 2.28 m,多次代表解放军队和国家队参加国际比赛,在国内外赛场屡建功勋,是中国篮坛极具传奇色彩的中锋,1999 年被选为新中国篮球运动 50 杰之一,2008 年因患心血管等疾病而逝世,年仅 59 岁。关于他的去世,另有一种看法认为最终应该归因于巨人症,因为出奇的身高使他长期从事篮球运动,剧烈的运动使他的心脏承受巨大的负荷。再者,事实上他的异常身高并没有遗传证据,儿女的正常身高也能反证他的身高是由于患了巨人症。

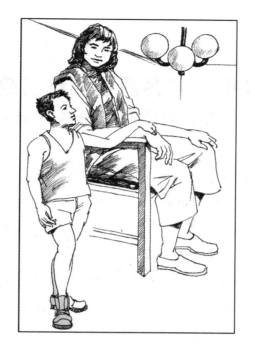

图 C02-1　一位巨人症患者(右)及其丈夫

据科学家研究发现,生长激素虽然具有促进人体生长的作用,但是脑垂体过量分泌的生长激素可能引起巨人症或者肢端肥大症。如果起病在青春期之前,骨骺(骺,指骨干的顶端),尚未融合,将表现为巨人症,成年时期身高可达到 2 m 以上。如果起病在青春期以后,骨骺已融合的时候,则会表现为肢端肥大症。如果起病在青春期,并且成人之后仍然继续发展,就会表现为肢端肥大性的巨人症。

至于脑垂体分泌生长激素过多的原因,据观察,绝大多数患者是由于垂体存在能分泌生长激素的垂体腺瘤;而有少数患者是因为垂体增生或腺癌。垂体分泌生长激素形成肿瘤的原因,目前还不很清楚,据认为可能和下丘脑功能紊乱有关。

✳ C03　著名侏儒的真实故事
——生长激素缺乏与侏儒症一

你听说过"拇指汤姆将军"的故事吗？这是一个侏儒的真实故事。这个故事要从这位侏儒的老板讲起。原来,19世纪的美国有一位马戏团经纪人兼演出者,名叫巴纳姆。他初期的游艺事业以郎中式畸人异物为主。当他的"老黑妇希斯"和"美人鱼"等骗局被揭穿之后,才使用较为正牌的奇人,例如侏儒、长胡须的女人、纹身人、连体双胞胎等。为了安顿和利用这些怪人赚钱,1841年巴纳姆买下了纽约市的一座废弃博物馆,这座博物馆后来成了纽约的一流娱乐中心。1842年他在外地发现一位年仅5岁的侏儒,带回纽约后教他跳舞、唱歌、说笑话,并为他准备多套军服,给他取名"拇指汤姆将军",在新英格兰和华盛顿特区等地巡回演出,轰动一时。这位"拇指汤姆将军"原本是由身高正常的父母在1838年所生下的孩子,11岁进入马戏团时,他身高只有25英寸,体重只有15磅。此后他成了一位名人并游遍全世界,会见过多位领袖人物和皇室人员,包括亚伯拉罕·林肯、英国女王维多利亚以及王子阿尔波特等。拇指汤姆结婚时,娶的是一位矮小的新娘,他俩站在一架大钢琴上招待两千名来宾。1844年拇指汤姆被巴纳姆老板带去英国访问,成为英国贵族新宠,伦敦报界为之喧腾,并应邀到白金汉宫,在维多利亚女王御前跳木笛舞和模仿拿破仑。1883年7月15日,这位名噪一时的拇指汤姆,在他45岁时因为中风而去世,一万多人参加了他的葬礼。

还有另外一个真实故事,讲的是一位女性侏儒,名叫露西娅·拉萨特,号称有史以来最小的侏儒,1863年出生时只有8盎司重,7英寸高;

长大成人时,身高也只有20英寸,体重不超过8磅。当她穿着维多利亚风格的褶边裙,坐在一个大人的大腿上时,很容易被误认为是一个陶瓷娃娃。你也许不敢想象,她竟然是当时身价最高的穿插节目的魅力人物,在月工资平均为20美元的时候,她每小时挣20美元。可话又说回来,尽管有对她脆弱的生命的专门护理,1890年,在乘坐一列火车旅行时,她还是不幸去世了。当时,火车因暴风雪停在了落基山上。车上没有暖气,不管她身上盖上多少层被子,她弱小的身体都不能保持温暖。她像一座玩具塑像僵在那儿,最终被冻死了。

又据国外媒体报道,在吉尼斯世界纪录中关于人类身高方面的纪录让人大开眼界,其中包括:世界上最矮的演员阿贾伊-库马尔,身高仅有76.2 cm,过去13年中拍摄了50部电影。菲律宾Junrey Balawing已年满18周岁,他的身高仅有0.56 m,刷新了之前此项吉尼斯世界纪录保持者卡根德拉-塔巴-马加尔0.67 m的纪录。据了解,当他两个月时就停止了身体增长,2011年6月12日吉尼斯世界纪录官员举办仪式,将世界纪录保持者的证书授给Junrey Balawing,目前他已成为当地名人,时常接收到一些礼物,例如:烤猪、蛋糕和气球等。

国内则曾经报道,出现过身高仅有79 cm的21岁女性;高考场上出现过身高仅有1.23 m的19岁女性考生;一位身高仅有98 cm的男性,年老时才终于找到了结婚对象。某地大商场里,出现过清一色身坐高凳的一群侏儒女收银员;某些剧团里,安排了能歌善舞的"袖珍姑娘"。

此外,不久前媒体还曾报道,我国国内有个出生在湖北的侏儒症患者,虽然已经长到26岁,身高却只有76 cm。医生检查结果认为,这是由于几乎没有脑垂体,不能分泌生长激素所致。另有两位分别来自沈阳和四川的侏儒症患者,身高都不足1米。这几位"袖珍人"却都头脑成熟、自强不息,多年走南闯北活跃在文娱圈里。

这些真实故事告诉我们,侏儒倘若能够拥有一技之长,某些方面也

图 C03-1　一位侏儒症患者(左)及其妻子

可能和正常人一样过得好。但是,我们得到的更多信息,却是侏儒的处境一般比正常人艰难。他们(她们)都有和正常人一样的生活追求,却往往需要付出更多的艰辛。因此,侏儒的问题也是世界关注的问题。科学家、医学界多少年来都在探索侏儒症的病因和治疗方法,并且取得了一定的进展。

侏儒症的标准,目前界定为成年身高不足 1.2 m;或者身高在本民族同年龄人平均身高的 30% 以下。侏儒症一般指的是生长激素缺乏性侏儒症,顾名思义,同生长激素有密切关系。人体的生长激素在脑垂体前叶形成,能很快进入肝脏,影响糖类、脂肪和蛋白质的代谢,促进人体的生长。如果人在幼年时期缺乏生长激素,就会表现为生长迟缓、身材矮小。进一步分析认为,缺乏生长激素可能由于脑垂体生长激素的生成或输出发生障碍;也可能由于生长激素的相应受体的缺陷,具体地说,就是用于表达该受体的基因发生了突变。生长激素和其他激素一样,需要特异性地结合正常的受体才能发挥作用。

目前认为,生长激素缺乏性侏儒症的治疗,最理想的是用生长激素替代,尤其是早期应用,可使生长发育恢复正常。利用人本身的生长激素的疗效虽然较好,但过去由于取自垂体,因而来源有限;并且研究发现,应用人生长激素会因为制剂受病毒污染而使患者并发严重的中枢神经病变而引起死亡,所以现在已经停止使用。

近年来,通过转基因途径所制备的重组人生长激素已经应用于临床,取代了由人垂体中提取的生长激素。重组人生长激素是一种192个氨基酸的单链多肽,它的氨基酸组成与人生长激素相同,仅 N 末端多一个蛋氨酸。和人垂体提纯的生长激素比较,具有相同的生物活性与促生长作用,治疗剂量一般为 0.1 IU/kg 体重,肌肉或皮下注射,每日 1 次。初用时,据说身高增长速度可达 10 cm/年,以后疗效逐渐降低。

✳ C04 现实世界里的"七个小矮人"
——生长激素缺乏与侏儒症二

也许你也曾读过或听说过"白雪公主和七个小矮人"的童话。其实,在我们当今的现实世界,还真有"七个小矮人"组成的侏儒家庭。请看看2012年5月腾讯网的以下报道吧。

报道的是,一对侏儒夫妇,来自美国乔治亚州斯维尔市的安布尔和特雷特-约翰逊,生育了两个孩子,并收养了三个其他国家的侏儒儿童,从而组建了"七个小矮人"家族。这个家族的成员是:约翰逊夫妇俩,他们生育的两个孩子伊丽莎白和乔纳,来自西伯利亚的安娜,来自韩国的亚历克斯,和来自中国的艾玛。他们每个成员都患有软骨发育不全症,这种侏儒症影响四肢末端正常发育。

这对夫妇说,在这个独特家庭里,他们彼此之间包容着他们的侏儒身材。这对夫妇还表示,将尽全力抚育这些孩子,让他们在这个"不属于他们的世界"中生存下来,并为他们营造一个美好的生活环境。

这七个小矮人,身高都不足1.3米。做父母的鼓励他们的孩子们克服生活上的困难,例如:放置梯凳来帮助孩子们能够接触到碗橱;用小棍去启动、关闭电灯开关。

约翰逊和安布尔是经过将近4年的交往才结婚的,婚后5个月之后安布尔开始怀孕。据了解,约翰逊生于一个侏儒家庭,但是安布尔却出生在一个正常身高的家庭。因此他们曾经预料,他们生育的第一胎孩子将拥有正常人的身高。但是31个星期之后,他们发现出生的乔纳也患有软骨发育不全症。

　　然而,约翰逊夫妇说,当看到孩子和父母一样的身材时,他们都非常高兴。接着,当安布尔怀孕第二个孩子伊丽莎白时,她的身体承受了很大的负担,在怀孕期间曾一度身高仅48英寸,而腰围却达到了51英寸。

　　本来,他们夫妇俩希望组建一个更大的侏儒家庭,但是妻子安布尔怀孕会带来一定的危险,他们因而最终决定收养侏儒儿童来扩充他们的侏儒家族。

　　他们知道,其他国家常有一些侏儒儿童被收养,但由于他们的身体异常,结果生活处境并不好。约翰逊夫妇于是决定收养来自三个不同地区的侏儒儿童。

　　尽管他们的这种侏儒症被视为一种身体残疾,约翰逊为了维持5个侏儒孩子的生活,并没有借款,也没有接受政府任何财政援助,帮助他抚养这些孩子。只是依赖各种津贴补助维持生计。约翰逊说:"我们自食其力,自己试着做每一件事情。"安布尔强调,我相信一些侏儒群体是真实身体残疾,但我们家庭成员都十分健康。

　　安布尔是一位全职母亲,有时参加学校活动。约翰逊平日制作汽车延长脚踏板,帮助侏儒人群能够驾驶汽车。他的主要工作是在当地一所大学担当庭院管理员。虽然人们对这个侏儒家庭充满了好奇,但约翰逊视而不见,继续着七个小矮人的生活。

　　安布尔说:"一些人甚至驻足用相机拍摄我们。对于我们的孩子而言,身材矮小是不好的,时常会遭受同学们的欺负。"当伊丽莎白上小学三年级时,欺凌弱小的同学称她是侏儒,然而她只是简单地回答说:"这是上帝塑造了我的身体,这是上帝对我的眷顾和宠爱。"

✳ C05   肥胖的由来和风险
——瘦素与肥胖症

人体有一种重要的激素叫作"瘦素",科学家几年前发现了表达这种激素的OB基因。这个基因在人体的脂肪组织表达的蛋白质叫作瘦素,但是这些瘦素在乳腺上皮细胞、胎盘、胃黏膜上皮组织中也能检测到。瘦素也和其他激素一样,需要同相应的受体结合,才能发挥作用。受体是基因表达的一类特殊蛋白质分子,存在各式各样的结构,能够分别与各种各样的激素或药物特异性地结合。目前已经发现,瘦素的受体不但存在于丘脑、脂肪组织,还广泛存在于全身各个组织。

瘦素的别名还有瘦蛋白、肥胖荷尔蒙、抗肥胖因子。它具有广泛的生物学效应,其中比较重要的是作用于下丘脑的代谢调节中枢,发挥抑制食欲,减少能量摄取,增加能量消耗,抑制脂肪合成的作用。它在身体的浓度使脑部知道现时身体上的脂肪数量,藉以控制食欲和新陈代谢的速率。研究表明,缺失OB基因的大鼠,食欲旺盛,体重显著增加,导致病态肥胖。科学家还发现有极少数人食量惊人,是因为他们在体内存在着瘦素基因突变,产生的瘦素太少;而在采用瘦素药物对这种肥胖症进行治疗之后,病人的体重迅速下降,产生了非常好的疗效。因此有人预计在不久的将来,以瘦素为主要成分的减肥药,很有可能会出现在我们的生活当中。

目前,世界卫生组织建议以"体重指数"作为衡量成年人体重是否合适的指标。计算方法是以体重(kg)为分子,以身高(m)的平方为分母,求其比值。我国科学家"九五"计划期间的研究结果表明,我国成年人正常的体重指数范围应该是 18～24,低于 18 为体重不足,高于 24 为超重,高于 28 为肥胖。这样划分的实际意义在于提供健康体重的标准,以促使超重者和肥胖者自觉地控制体重,以免影响健康。

那么,为什么肥胖不好呢？我们常见的人体肥胖现象,虽然有 95% 属于单纯性肥胖,也就是说,它一般不是其他疾病所引起的,但是肥胖本身具有诱发各种疾病的风险,因而值得我们重视。以下是我们周围已经发生肥胖可能诱发的几种主要疾病。

其中,高血压是肥胖症最常见的并发病。据调查,肥胖症病人高血压的发生率比正常体重的人高 3 倍。有些国家肥胖者的高血压发病率常达 50% 左右,高血压病并发脑出血的发病年龄还存在年轻化的倾向。

心脏病突发的风险在肥胖人中也明显增加,因为肥胖症患者常有高胆固醇血症,具有明显保护血管作用的高密度脂蛋白浓度降低,而对血管不利的低密度脂蛋白则浓度增高,因而容易导致胆固醇在冠状动脉管壁的沉积,形成冠心病。

胖人还容易发生糖尿病。有人曾调查了 1 000 名糖尿病患者发病前的体重,在标准体重以下者仅占 8%,标准体重者占 15%,超过标准体重者达 77%。

有些调查还证实肥胖同某些癌症的高发生率有关。体重超过标准体重 20% 或更多时,癌的发病率在男子增加 16%,妇女增加 13%。一项超过 500 万人的 7 年跟踪调查得出的结果发现,超重会使 10 种肿瘤恶化的风险增大到 62%,每年约有 1.2 万人因为肥胖而患上癌症。

另有报道说,一些慢性疾病如胆道结石、关节炎、静脉血栓形成、慢性支气管炎等的发病率在肥胖病人中也都有增加。

此外,肥胖人由于动作反应迟钝,肢体不灵活,发生外伤的机会也增加。肥胖人作外科手术,伤口愈合时间一般较慢,而且手术合并症的机会也随之增加。肥胖人增多还会带来不少社会问题,例如肥胖人不适合从事某些工种和职业,也不适合服兵役。

　　肥胖还会带来种种心理问题,这在儿童身上表现得更为明显。例如常常有人取笑他们,因而他们会产生孤独感,不爱或不容易交朋友,拒绝参加社会活动。由于肢体活动不灵活,也助长他们少参加各种体育活动的倾向,形成"越不活动就越胖"的不良循环。

❋ C06　胰岛素多些好还是少些好
——胰岛素与疾病

　　通常说到的各种激素,就其化学成分来说,可以大体分为蛋白质类、氨基酸类、固醇类和脂肪酸衍生物。其中的蛋白质类激素,是基因表达直接产生的,例如胰岛素就是胰岛素基因表达直接产生的。

　　我们的胰岛素由胰腺分泌,能把人体摄入的葡萄糖转化为糖元,并储藏在肝脏和肌肉中,以备遇到运动、劳作、疲乏或饥饿,需要消耗更多能量时再分解产生能量。在正常情况下,我们吃饱饭之后血糖升高时,胰岛素会增加分泌使血糖下降,而后始终保持在一种相对恒定的水平上。

　　这其中的道理是怎样的呢？原来,人体内的肝、脂肪、肌肉组织的细胞都含有"胰岛素受体",它与胰岛素结合之后能使血液中的葡萄糖顺利进入各器官组织的细胞中,为人体提供能量。如果缺少了胰岛素的来源,或者是胰岛素受体发生异常,血液中的葡萄糖就无法进入细胞提供能量并转化为二氧化碳和水,一部分葡萄糖只能滞留在血液里,从而表现为血糖升高。如果血糖升高到超过肾能够承受的程度,则糖从尿中排出,引起糖尿。与此同时,由于血液成分中含有过量的葡萄糖,还会导致高血压、冠心病和视网膜血管病等病变。因此,我们所遇到的高血压或冠心病的患者,其中一部分也同时患有糖尿病。有些大医院里,还专门设置了诊治糖尿性眼科疾病的诊室。

　　胰岛素还能促进脂肪的合成和贮存,使血液中的游离脂肪酸减少,同时抑制脂肪的分解氧化。因此,胰岛素缺乏会造成脂肪代谢紊乱，脂肪贮存减少，分解加强，血脂升高，久而久之会引起动脉硬化，进而导致心、脑血管的严重疾患。

但是，胰岛素分泌过多也不好，这时会使血糖迅速下降，脑组织受影响最大，可能出现惊厥、昏迷等症状。

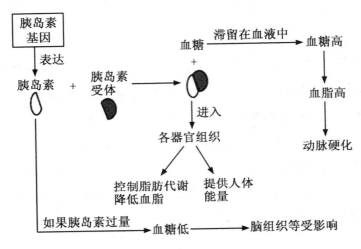

图 C06-1　胰岛素的作用

我们见过的各种疾病，治疗所用的药物存在各种给药途径，其中不乏口服药。但是，在需要给病人直接补充胰岛素时，用的是针剂。这是为什么呢？这是因为，胰岛素药品是动物胰岛素基因表达的蛋白质，如果口服的话，蛋白质会遭到消化道分泌的蛋白酶的消化，原来的功效也就丧失了，所以只能通过注射直接输送到血液里。

✳ C07 激素依赖是怎样发生的
——激素依赖的防范和克服

临床医学上往往采用一些统称为"激素"的药物，来治疗难治的、反复发作的疾病，这类激素药物多属于固醇类。有些哮喘病在发作时，患者呼吸道会出现过敏性炎症，抗生素治疗可能不起作用，但激素治疗对它却有明显的效果。因此病情严重时，医生除了给病人使用对症的平喘药物之外，常常同时使用激素药物。遇到一种叫作"哮喘持续状态"的哮喘发作形式时，各种止咳、平喘药物都无效，医生也要使用激素类药物抢救，并为了争取时间，争取最大药效，通常需要及早以静脉内滴注代替口服，并相应增大剂量。这种治疗方法如果长期持续下去就会产生"激素依赖"，也就是使用激素缓解症状后，一旦停止或减少激素的用量，哮喘又复发或加剧起来。

造成激素依赖的原因很多，个别患者是因为体质特异，大多数则是因为激素使用不当造成的。激素本来是人体生理需要的一种内分泌，使用激素治疗哮喘实际上是从体外输入大量的某种激素，治疗量往往比生理需要量高得多，于是反过来抑制自身激素的产生，时间长了，制造激素的器官就会发生萎缩，如果这时骤然停药，萎缩了的"激素制造厂"一时反应不过来，无法产生出需要的激素，便可能引起激素不足的各种症状和哮喘的复发、加剧；同时还有可能损害肾脏和引起一些并发症。所以使用激素治疗哮喘，必须在医生正确指导下有计划地进行。

那么，激素依赖一旦发生，应当通过怎样的护理加以解除呢？有专家认为，基本做法分两种：递减或马上停用。递减法就是减量减效，缓缓撤退，直至最终停用。具体地说，就是由强效制剂改为弱效制剂、由高浓度改为低浓度、逐渐减少用药次数。马上停用就是一刀切，做法虽然比较"强硬残忍"，但据说效果不错。这两种方法医生都在用，都有道理。按道理讲，对于症状严重者，递减比较合理；如症状轻微，"一刀切"比较干净利索。

除了治疗哮喘之外，皮肤病的治疗也常见激素依赖。就皮肤病的激素解除而言，所谓递减，就是在护理过程中，有计划地缓慢减少所依赖药品的用量和频次，直至完全摆脱。激素解除过程中，一定会反复发作，停药最初一定是反跳，反跳出现的红、热、痒、刺痛等重度不适，会使很多人重新动用激素。所以激素依赖的解除，不仅需要有正确的护理方案，还必须持之以恒，耐心、良好、有序地执行，直到痊愈那一天。

实际上，激素依赖有的是在不得已情况下发生的，有的则是可以避免的。例如，一种可用于治疗头皮各种炎症的药物，名叫醋酸曲安奈德氮酮搽剂，也是激素类药物，标签上明确提示患者不可长期或大面积使用。又例如，治疗眼部炎症的药物中，有一种叫作碘舒的滴眼液，药液中含有一种激素和一种广谱抗生素，激素用以抑制各种因素引起的炎症反应，广谱抗生素能有效控制多种细菌。有经验的医生指导轻症患者使用这种药物时，往往会建议只在第一周每天滴眼一次，第二周隔天滴眼一次。于是，轻症患者只需用药两周，同时又因逐步减药而避免了激素依赖的发生。

✿ C08 乙肝病毒携带者能上班、上学吗

——乙肝与乙肝的抗原、抗体

想必大家对“乙肝”并不陌生，它是乙型肝炎的简称，是受到乙肝病毒感染之后发生的一种肝脏疾病。

乙型肝炎病毒的遗传物质是DNA，它的DNA分子当中有个段落是制造病毒外壳蛋白的密码，这个外壳蛋白叫作乙肝表面抗原。乙肝表面抗原本身并不具有传染性，但是它的存在伴随着乙肝病毒的存在，所以成为人体携带乙肝病毒的标志。这种抗原可以存在于病人的血液、唾液、乳汁、汗液、泪水、鼻咽分泌物、精液以及阴道分泌物中。一般体检以检查血液乙肝表面抗原的结果，作为确定是否携带乙肝病毒的指标。

但是，乙肝病毒携带者不一定表现乙型肝炎症状，他们在工作、学习和生活等方面的能力同健康人没有区别。日常生活和一般工作的接触，包括一起就餐，握手，礼仪性接吻，相互拥抱，共同游戏、旅游，同室居住、上课，这些行为都没有传染乙肝的危险。乙肝的传播途径主要有血液传播、母婴传播和性传播。所以，卫生部曾在2007年和2010年发过文件，不得拒绝乙肝病毒携带者入职、入学。再说，病毒携带期还要让抗体和病毒较量，如果患者保养得好，使病毒量降到标准数值以下，也有脱离病毒携带者身份的可能。但据了解，食品等行业在这方面对入职者的限制比较严格。

为了保护儿童健康，国家规定幼儿进入托儿所或幼儿园前必须进行常规体格检查，其中包括对乙肝表面抗原的检测。专家指出，这项检查的目的不是为了把乙肝表面抗原阳性的儿童拒之门外，而是为了便于管

理、隔离和进一步做好各种防范措施。因此,乙肝表面抗原阳性的小朋友也是可以进托儿所、上幼儿园的。与此同时,还会对所有入托、入园儿童及时接种乙肝疫苗,引发小朋友们体内产生抵御乙肝病毒的抗体。研究发现,对儿童全部进行乙肝疫苗的全程免疫6个月后,即使与表面抗原阳性并伴有E抗原阳性(具有传染性)的儿童在一起,也不会造成传染。

人体中某种抗原的存在,是感染相关疾病的直接证据,而相应抗体的存在,则是对这种疾病具有抵抗力的标志。所以,在某些情况下,医院需要检测的乙肝项目并不限于乙肝表面抗原,因为乙肝病毒的传染同病毒的复制有关,而判断乙肝病毒是否复制的指标还有许多,其中最简单的是"乙肝五项"。这5项依次是:①乙肝表面抗原(HBsAg)、②乙肝表面抗体(抗-HBs)、③乙肝 e 抗原(HBeAg)、④乙肝 e 抗体(抗-HBe)、⑤乙肝核心抗体(抗-HBc)。医院常用乙肝五项的不同组合来判断感染的现状和结局。例如:以上乙肝五项第1、3、5项阳性,其余两项阴性,俗称"乙肝大三阳",说明是急、慢性乙肝,传染性相对较强。乙肝五项第1、4、5项阳性,其余两项阴性,俗称"乙肝小三阳",说明是急、慢性乙肝,传染性相对较弱,但患者如果肝功能检查反复异常,则说明主要是由于乙肝病毒发生变异,也有较高的传染性。

如果乙肝五项都阴性,说明过去和现在未感染过乙肝病毒,但目前没有保护性抗体。

接种乙型肝炎病毒灭活疫苗是目前预防乙肝发生的最有效方法。对于乙肝表面抗原阳性者,应建议结婚前让配偶注射全程三针的乙肝疫苗。如果对方血清检查显示是乙肝表面抗体阳性,说明对方对乙肝病毒已有免疫力,不会再感染。如果对方乙肝表面抗原、乙肝表面抗体和乙肝核心抗体都是阴性,则应注射乙型肝炎病毒灭活疫苗,待体内产生保护性抗体后再结婚。

C09 器官移植为什么要配型
——抗原检测的临床意义

人类细胞核里有23对染色体，一般按照染色体长度，从长到短依次编号。其中第6号染色体上有一对DNA区域，叫作HLA，它由5对基因组成。这个区域的DNA密码所表达的蛋白质叫作白细胞抗原，存在于细胞膜。HLA当中的3对基因同器官移植的排异反应关系最密切，一共表达6个白细胞抗原，其中3个和父亲的相同，另外3个和母亲的相同。

在进行移植手术前，必须对移植的接受者和器官的提供者分别进行检测。检测对象是外周血中，淋巴细胞膜上的那6个白细胞抗原。产生检测结果之后，选择HLA最相配的两个人，以便在他们之间进行移植手术，这个程序称为“配型”。

大量医学实践表明，6个抗原中相同的抗原数越多，排异反应的发生率就越低，移植成功率和移植器官的长期存活率就越高，形象地说，就是供体和患者之间能够融洽相处。我们通常听说的肾移植、造血干细胞移植（以前通常是骨髓移植），都是如此。例如，美国国立器官共享网络（UNOS）对50 000多例肾移植随访资料的统计分析表明，受者和供者之间6个抗原全部相同与全部不同对比，急性排斥反应的发生率相差25%，3年存活率相差20%，10年存活率相差30%。

此外，由于白细胞抗原的基因都来自父母，所以同胞之间可有HLA相同、半相同和不同3种情况。实践证明，HLA相同的同胞供者的肾移植，90%以上效果良好；半相同的效果明显下降；皆不相同的则很少存活。虽然由此看来直系亲属间 HLA 完全匹配的概率较高,但由于中国白血病患者多为独生子女,于是通过骨髓库寻找,就成了发现匹配供者的主要途径。

应当在这里加以补充说明的是,白细胞抗原虽然也是基因表达的蛋白质产物,但它的特异性存在于相同物种的不同个体之间。而我们早先知道的抗原-抗体反应是指不同物种之间的免疫反应,一个常见的实例是细菌或病毒侵袭人体的时候,人体产生对应的抗体,用于识别、结合和消灭对方来袭的抗原。所以,检测病人身上是否存在某种抗原或某种抗体的目的,是为了回答能不能有效地抵御、消灭病原物的问题。而进行器官移植之前,检测两个人白细胞抗原的相似程度,为的是回答外来器官能不能在患者身上融洽地"安家落户"的问题。

✳ C10　猪心植入人体将不排异
——抗原原理的医学应用

　　人类的有些疾病,需要实行器官移植才能治好。例如需要移植角膜、皮肤、胰岛、肾脏、肝脏或者心脏。可是,多少年来,能用于移植的健康器官资源非常缺乏,并且因此引发了多种社会问题。许多专家认为,器官移植的根本出路在于技术解决。科学家最近几年的研究结果,终于给未来的千千万万病人带来了福音。我国两位教授不久前宣布,他们正在研制可以作为人类器官供体的"转基因敲除猪"。相信不久的将来,猪的器官可以移植到病人身上而不发生排斥反应,用以挽救病人的生命。

　　什么是"转基因敲除猪"呢?就是把猪身上会引起排斥反应最关键的基因"敲掉",再加入一些人的基因,让它变成一个适用于人体的、不会产生免疫排斥的"万能供体"。对猪而言,引起排斥反应的主要原因是猪血管内皮细胞上含有一种人类所不具有的糖分子。当猪器官植入人体后,人体的免疫系统会将这种糖分子认作外来物而发起攻击,短时间内就会摧毁移植过来的器官。

　　为了解决这一问题,首先,就要"敲除"猪细胞核中负责产生这种糖分子的"坏蛋基因"。国内外一般所谓基因敲除技术,可以通过插入短的DNA 片段来关闭某种"坏蛋基因";也可以通过导入某种酶的基因,利用它所表达的酶来水解"坏蛋基因"的表达产物。

　　接着,利用这种经过"敲除"的细胞核进行克隆,也就是用该细胞核置换母猪的卵细胞核,并且植入母猪的子宫发育成胚胎,最后就诞生"转基因敲除猪"了,道理就像克隆"多利羊"一样。这样培育出的"转基因敲

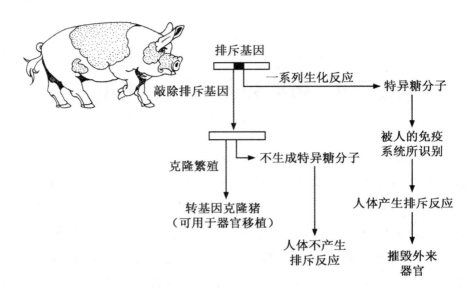

图 C10-1　无排异猪器官的产生和原理

除猪"，它的器官移入人体后，将能避免刚才说的排斥反应。

目前我国的"转基因敲除猪"已经准备好进行临床试验了，角膜、皮肤、胰岛都通过了一定的实验。接下来，就要让这些猪生活在很干净的环境里，使器官不会感染外源性的病毒、细菌。被选中进入这种"超洁净养猪场"的猪必须是健康的母猪，因为需要用它的子宫来孕育"转基因敲除猪"。并且，只有经过剖腹产，生下来以后马上跟妈妈分开，在无菌的环境下进行人工饲养。在饲养过程中，通过了一系列标准检疫的猪，它的器官才能用于临床。为了让猪更洁净，对人体的不利影响降得更低，必须是这种猪的第三代才可以给患者提供器官。但目前这种异体移植能否真正用于临床治疗还需要进一步的大量临床数据支持。目前估计，猪的眼角膜、皮肤移植应该比较快；其次是胰岛、过渡肝；永久性的心脏、肾脏、肝脏则需要根据基因改造的进展情况才能确定。

尽管猪器官异体移植在国外也曾饱受争议，人们担心移植动物的器官会同时感染上动物的病毒;然而,此前十几年的研究表明,大量猴子实验结果都是阴性的,猪的病毒并没有转到猴子的身上。欧洲对异种移植控制比较松的时候,也做过不少给患者移植猪的胰岛、肝脏的病例,留下样本之后检测,都没有发现这种移植猪的内源性病毒。另一方面,我国在培育这些猪时,也进行了一些改进,就是用特殊方法抑制这种病毒的表达,并取得了较好的效果。因此认为,安全性应当是有保障的。

✳ C11 用"生物导弹"精准攻击癌细胞
—— 单克隆抗体的临床应用

　　我们不时都能听到,化疗或放疗是治疗恶性肿瘤的有效方法。化疗是指化学治疗,就是利用抗癌的化学药物进行治疗。放疗是指放射治疗,就是利用放射性同位素产生的 α、β、γ 等射线,或者其他各类射线,来消除病灶。医生还可以在病人手术前,采用放射治疗来缩小肿瘤,使它容易切除;手术后,再用放射治疗来抑制残存癌细胞的生长。几十年来,成千上万的人利用化学治疗、放射治疗、手术治疗或生物治疗技术,治愈了他们的癌症。

　　目前我国约有 70％ 以上的癌症病人需要用到放射治疗,美国统计也有 50％ 以上的癌症需要放射治疗。实践证明,化疗药物或者放疗手段确实能够杀伤癌细胞;然而,它们同时又会杀伤患者的健康细胞。这是多年以来癌症治疗当中一直存在的一个难题。现在,科学家破解这个难题的研究正在进行之中,并且取得了一定的进展。这期间产生的一个成果,就是单克隆抗体的创造和应用。

　　什么叫作单克隆抗体呢?

　　科学家发现,人类的浆细胞在演变为淋巴细胞之前,其中的抗体基因会发生重排,也就是原来仅有的少数几种 DNA 片段,经过多种方式的重新排列组合,能形成成百上千种分子结构互不相同的新基因。接着,这些新基因进入淋巴细胞,表达产生成百上千种的蛋白质,也就是成百上千种抗体。因此,这时的抗体是不同种类抗体的混合物,叫作多克隆抗体。其中的不同种类抗体能够分别识别、结合和消灭各式各样的病原物(各种细菌和各种病毒),起到保护人体的作用。

如果我们将多克隆抗体中的任何一种抗体单独分离出来加以复制,那么得到的就叫作单克隆抗体。每一种单克隆抗体具有独特的蛋白质分子结构,能够专一性地识别、结合具有相应独特结构的一种抗原。例如,应用单克隆抗体制作的商品化试剂盒,已经广泛应用于病原微生物抗原、抗体的检测以及肿瘤抗原的检测等。

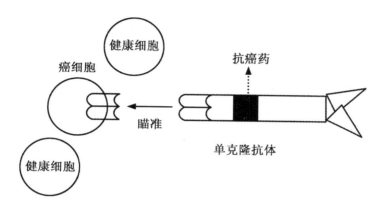

图 C11-1　肿瘤细胞靶向治疗的原理

那么,单克隆抗体又是怎样应用于肿瘤的治疗呢?

首先,需要筛选出针对某一种肿瘤抗原的单克隆抗体。这是为了保证准备使用的单克隆抗体,能够唯一地、准确无误地识别和结合那一种肿瘤细胞,而不会去结合任何其他细胞。

接着,将筛选得到的单克隆抗体,同化疗药物或放射性同位素结合,换句话说,就是让单克隆抗体来装载化疗药物或放射性同位素,成为一种结合体,以便化疗药物或放射性同位素能够利用单克隆抗体的高度特异性,准确无误地到达和攻击患者的那种癌细胞,而不至于误伤患者的健康细胞。因此,单克隆抗体药物被形象地称为"生物导弹"。

目前,国内外几乎所有大型制药公司都有单克隆抗体研发项目,单克隆抗体药物已经成为生物制药中最为重要的一类。我国的单克隆抗体药物从无到有,在我国医药市场发挥越来越重要的作用。目前国内市场规模每年以 50% 以上的速度递增。但是单克隆抗体在我国市场仍然属于高端产品,目前主要还是依赖进口。"十二五"期间,我国"重大新药创制"专项获得中央财政下拨资金的大力支持,恶性肿瘤等 10 类重大疾病药物的研发是资金支持的重点。

✳ C12 波立维和阿司匹林怎样抗血栓
——药物受体的作用

男孩子成年的时候会长出胡子来,而且胡子通常都长在上唇、下巴以及两腮。成年时才长胡子,是因为这时才有足够的雄性激素。胡子总是长在这些部位,则是因为这些部位的毛囊里含有一种雄性激素的受体,对雄性激素的作用相当敏感。已经知道,受体是细胞里由基因表达产生的一类特殊蛋白质分子,各种受体具有各自的特异结构,能够选择性地识别和接受来自细胞外的各种信号分子,包括激素、药物、神经递质、淋巴因子等。这些被接受的信号分子与受体结合以后才能引起细胞发生反应。

据科学家研究,有些疾病是细胞里的某些化学成分同相应的受体结合之后才发生的。例如二磷酸腺苷(ADP)同血小板受体结合并发生反应时会引起血小板凝聚,发生血栓。因此,有些药物就是针对这种过程而设计的,例如目前已在临床上广泛使用的,用于预防血栓的氢氯吡格雷片(其中有商品名叫作波立维的),它进入人体细胞里后,代谢产物之一能够抑制血小板凝聚,因为这种代谢产物能够选择性地抑制二磷酸腺苷(ADP)同血小板受体的结合。

目前,成千上万的人每天都服用阿司匹林来预防心脏病发作或中风,并且取得了公认的效果。阿司匹林抗血栓的作用机理之一也和受体有关,具体地说就是抑制血小板血栓素 A2 受体(叫作 TP 受体)的产生。

然而,有些临床经验表明,少数患者的体质并不适宜服用阿司匹林,往往在服用之后发生哮喘等过敏性反应。据了解,这类患者在服用波立维的时候,并不出现任何过敏性反应。

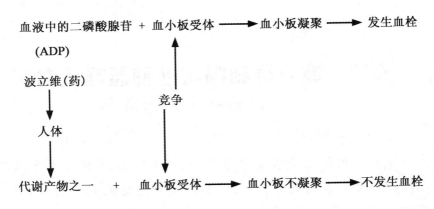

图 C12-1　波立维抗血栓的机制

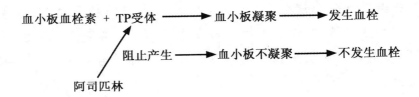

图 C12-2　阿司匹林抗血栓的机制

❀ C13　戒烟吧，为了健康和漂亮

——突变、表观遗传与健康一

“戒烟限酒”正逐渐成为我国百姓的共识；但是其中的科学道理还需要进一步宣传。科学家告诉我们，烟草的烟雾中含有 4 000 多种有害物质，就医学观点来看可分为四大类：一是一氧化碳，它与红细胞的结合力约为氧和红细胞结合力的 210 倍，所以一氧化碳被吸入人体后，红细胞输送氧气的能力会降低，而使体内缺氧；二是尼古丁，它在进入人体后会使四肢末梢血管收缩，心跳加快，血压上升，呼吸变快，精神状况改变，并促进血小板凝集，是造成心脏血管阻塞、高血压、中风等心血管疾病的主要帮凶；三是刺激性物质，这些物质不但会对眼睛、鼻腔和咽喉产生刺激，也会导致急性和慢性支气管炎；四是致癌物质，除公认的致癌物质尼古丁以外，烟雾中含有较多的放射性元素，如钋，它们在吸烟时挥发，并随着烟雾被人体吸收，在体内积蓄，不断地释放 α 射线，从而损伤机体组织细胞，对人体免疫力造成破坏，为癌细胞生长创造环境。

据调查，每天吸 15～20 支香烟的人，容易患肺癌、口腔癌或喉癌，致死的概率比不吸烟的人高 14 倍。也容易患食道癌，致死的概率比不吸烟的人高 4 倍。死于膀胱癌的概率比不吸烟的人高 2 倍。吸烟致癌已经是一件公认的事实。

专家的进一步研究还表明，即使是看似健康的吸烟者，也存在能导致癌症的早期细胞损伤。专家用 X 射线检查未患病的吸烟者与非吸烟者的肺部，发现吸烟者肺部的气道细胞发生变化，这个变化和肺癌的细胞损伤相类似。这说明吸烟者细胞的肺癌相关基因已被烟雾中的化学物质激活,有可能会进展为恶性程度高而难以治愈的肺癌。这个基因在不吸烟者正常的健康肺中是不表达的。正常的肺细胞会和人体的其他细胞一样,具有相应的特定功能,只表达与肺功能相关的基因。

除了致癌之外,烟草烟雾中的化学物质还会逐渐破坏我们肺中排列于气道上的细绒毛,使肺部的清洁机能受到损害,无法清除肺里的外来化学微粒,于是肺部容易发生支气管炎和肺气肿等慢性疾病。与此同时,也会因为吸烟使血管内皮功能紊乱,血栓生成增加,炎症反应加强而诱发心血管疾病。事实证明,吸烟者的冠心病、高血压病、脑血管病及周围血管病的发病率明显高于不吸烟者。

最新调查表明,香烟里的尼古丁是影响睡眠的罪魁祸首,睡眠质量差不仅会让人在清醒后精神状态差,而且习惯性睡眠质量差还会产生肥胖、糖尿病、心脏病等健康问题。

研究表明,烟雾中的尼古丁会影响钙的吸收,烟碱会抑制成骨细胞而激发破骨细胞的活性。我们知道,成骨细胞是往骨里添钙的建设者,破骨细胞是从骨里卸钙的破坏者。如果钙的摄入不足,同时还发生成骨细胞怠工和破骨细胞捣乱,就会有一部分骨钙被释放到血液,以维持正常的血钙水平,结果是骨密度降低,引发骨质疏松。

除了探讨吸烟的一般危害之外,还有专家专门研究不同年龄吸烟者发生的危害,认为青少年时期吸烟会导致人体无法恢复的肺部损伤,并且开始吸烟的年龄越小,对健康的损害就越大。

已经知道,烟雾里含有的有害物质能够同人体细胞的 DNA 结合而形成"DNA 加合物"。这种"DNA 加合物"能够使基因受到损伤,因而它在肺里的浓度越高,形成肿瘤的可能性就越大。研究者调查了 79 位患肺癌的戒烟者,他们分别从 15 岁开始吸烟到 20 岁开始吸烟,发现开始吸烟年龄越小,肺组织里 DNA 加合物浓度越高。分析认为,这是由于低龄吸烟者对于 DNA 加合物的形成比较敏感,结果是他们聚集了更多受损伤的 DNA,造成更高的患癌症风险。

　　最近一项调查研究还显示,沉溺于吸烟将对人们的脸部皮肤造成严重影响。据报道,研究者选取了 70 对双胞胎进行跟踪调查,他们其中一个吸烟,另外一个不吸烟。数年后,通过对比两人的照片显示了以下结果:吸烟者的脸部年龄明显比不吸烟者显得更衰老;吸烟会对脸部三分之二的部位产生严重影响,容易导致嘴唇褶皱变多以及下颌下垂;吸烟者上眼睑的皱纹比不吸烟者要多,而下眼睑的眼袋也要严重许多;吸烟还会减少对皮肤的供氧,从而导致皮肤血液循环降低,最终导致肤色变差,皱纹变多。

　　据了解,取得以上结果所采用的方法是比较科学的。具体地说,研究者选取的双胞胎都具备不同的吸烟史,吸烟年龄基本都超过 5 年,"平均烟龄"是 13 年。所选取的 70 对双胞胎平均年龄是 48 岁,其中有 57 对是女性。专业摄影师对这些双胞胎的脸部进行统一的近景拍摄,同时,这些双胞胎还需要填写问卷,包括疾病史以及生活方式。在不知道双胞胎吸烟史的情况下,外科医生对他们的脸部特征进行了分析,得出最终结果。

　　男士们,女士们,青少年朋友们,戒烟吧,为了健康,也为了漂亮!

✳ C14　你在意"被吸烟"吗
——突变、表观遗传与健康二

在日常生活中,绝大多数人不可能完全避免接触烟雾,特别是公共场所禁烟不严的情况下,很容易"被吸烟"。目前,不吸烟者每天"被吸烟"15分钟以上即认为"被动吸烟",也称为"强迫吸烟"或"间接吸烟",也就是通常说的"吸二手烟"。二手烟实际上包含两类烟雾:一类是主动吸烟者呼出的,称为"主流烟",另一类是香烟点燃时产生的,称为"分流烟"。实验结果表明,每点燃一支香烟后,"分流烟"中的一氧化碳含量是"主流烟"的5倍,烟碱苯芘是3倍,苯并芘是4倍,亚硝酸胺是50倍。它们都是很强的致癌和有害物质。研究结果还显示,吸二手烟对身体的影响与主动吸烟者相似,对吸二手烟者做尿检发现,他们的小便中也含有尼古丁等物质的代谢物,说明这些有害物质同样进入人体参加代谢过程。

目前,75%肺癌患者的致病因素最后追究到吸烟上。科学家告诉我们,每个人身上都有"原癌基因",这种基因使人在胚胎时期能够生长,但通常会在适当的时期停止起作用,否则人就容易得癌,而吸烟可以使得这种基因再次开始起作用而导致癌症。专家提醒,吸"二手烟"的危害更不容忽视,不吸烟者和吸烟者一起生活或者工作,每天闻到烟味一刻钟,时间达到一年以上时,它的危害程度等同于主动吸烟。

吸二手烟也是导致一个人出现葡萄糖耐受不良的新的危险因素。专家认为,如果人的身体出现了葡萄糖耐受不良的情况,那么体内的血糖水平会随之提高,罹患糖尿病的概率将非常高。美国阿拉巴马州伯明翰市退伍军人医疗中心对美国 4 座城市的 4 572 人进行了长达 15 年的调查研究。结果显示 22％的吸烟者有可能出现葡萄糖耐受不良（即隐性糖尿病）的情况，而自己虽不吸烟但却总是吸二手烟的人在这方面的风险概率也达到了 17％；戒烟成功的人为 14％；从不吸烟且不吸二手烟的人为 12％。

被动吸烟的严重危害尤其还表现在婴、幼儿身上。首先，烟草燃烧时释放出的有害化学物质，多数能透过胎盘去"骚扰"无辜的宝宝。一氧化碳等有毒的气体，会使母体血氧浓度降低，进而导致胎儿缺氧。烟草中造成瘾性的毒品尼古丁，会引起血管狭窄，使血流减慢，这意味着提供给胎儿的营养和氧气将会减少，容易造成婴儿早产，早产儿容易出现呼吸、消化、体温调节等功能障碍，甚至出生不久就死亡。吸烟孕妇所生的孩子，较多出现低体重的现象，影响婴儿的早期健康，甚至引起婴儿猝死。据报道，美国每年约有 1 900～2 700 例的婴儿猝死综合征患者，均被认为与二手烟的污染有关。

此外，吸烟女性分娩婴儿的畸形率明显高于不吸烟者，所生下的子女中，弱智者、患精神病的比率比较高。

其次说到哺乳期。女性哺乳期吸烟能使乳汁分泌减少，尼古丁还能随血液进入乳汁。每天吸烟 10～20 支的妇女，在 1 kg 乳汁中可分离 0.4～0.5 mg 的尼古丁，尼古丁会通过母乳带给婴儿，这对婴儿健康是严重的威胁。

婴儿出生后，弥漫在空气中的烟雾会使婴儿呼吸吃力，增加新生儿呼吸综合征的发病率。因此，更容易患感冒、支气管炎、肺炎、支气管哮喘等呼吸系统疾病和肺的感染性疾病。在烟雾笼罩下的孩子体格发育迟缓，更易出现烦躁不安、哭闹现象，更难喂养，同时耳、鼻、喉部感染的机会也增加，听力也会受影响。

关于二手烟对儿童的危害，据美国一家专业研究机构 1998 年的评估结果显示，哮喘病每年给美国经济造成的损失达 126 亿美元，约 1 500 万美国人遭受哮喘病折磨，其中 500 万是儿童。从 1980 年起，美国 5 岁以下的儿童哮喘病发病率有较大增长。据统计，美国每年约有 5 100 人死于哮喘病，平均每天 14 人。哮喘导致美国儿童每年 1 400 万个缺课日，成为影响儿童学习最严重的慢性病。

通常，儿童会经历比成年人更高的环境暴露，按每磅体重算，他们比成年人要呼吸更多的空气，从而会吸入更多的污染物。再加上儿童好动、自我保护能力较差、免疫功能不健全等原因，使得他们更易受到污染物的伤害，而二手烟是最常见的危害儿童健康的污染物。二手烟除了引发哮喘之外，还会增加婴幼儿所患的呼吸道疾病，中耳炎以及侵入性脑膜炎球菌病。据报道，美国每年大约有 100 万儿童患中耳炎，其中有 80% 与吸烟者生活在一起，因为香烟烟雾的有害物质刺激小儿娇嫩的中耳黏膜而诱发中耳炎。又由于小儿无法表达病痛，容易延误治疗而任其发展到耳聋。另据了解，侵入性脑膜炎球菌病是导致细菌性脑膜炎的重要原因，这种疾病多发于婴幼儿和青少年，约 1/20 的患者会死亡，约 1/6 的患者即便治愈也会留下神经系统和行为紊乱等方面的后遗症。

�֍ C15 哪些外在因素容易致癌
——突变、表观遗传与健康三

人类肿瘤病因中 80%～90% 与外界因素有关,所以消除和远离污染,改善环境条件,对预防肿瘤的发生有重要意义。

外界致癌因素可分为三大类——物理因素、化学因素和生物因素。这些因素的不断加强会激活人体内源性的致癌因素,从而导致身体正常细胞发生癌变,引发癌症。因此,专家提醒应远离这三大外界致癌因素,避免癌症的发生。

这些外界因素中,我们比较常见的,具体说来有以下若干种。

辐射:射线能使细胞核内 DNA 分子结构改变而导致基因突变,诱发多种肿瘤。例如铀矿工人肺癌发病率高出一般人群 10 倍,广岛因受原子弹爆炸影响,居民中白血病、甲状腺癌等发病率增高。放射工作者长期接触 X 射线,如果缺少必要的防护措施,常会引起放射性皮炎,并且会进一步发展为皮肤癌。这类工作者的白血病发病率也比一般人高。

紫外线:紫外线虽然没有电离作用,但长期在日光下暴晒,日光中的紫外线会诱发皮肤癌、黑色素瘤等。对于有皮肤癌易感性的个体(如患着色性干皮病的人),更应注意避免日光照射,以预防皮肤癌的发生。

亚硝胺类化合物:亚硝胺类化合物具有广泛而强烈的致癌作用,动物实验表明它能引起肝癌、胃癌、食管癌、肺癌和鼻咽癌等。亚硝胺是由亚硝酸盐和次级胺合成的,这个过程可在胃内发生。例如隔夜的熟白菜,会产生亚硝酸盐,在体内会转化为亚硝胺致癌物。反复烧开的水含有亚硝酸盐,最后会生成致癌的亚硝胺。咸鱼能产生二甲基亚硝酸盐,在体内会转化为致癌物质二甲基亚硝胺。虾酱、咸蛋、咸菜、腊肠、火腿、熏猪肉等,同样含有亚硝胺类致癌物质,应尽量少吃。

苯并芘:烤牛肉、烤鸭、烤羊肉、烤鹅、烤猪肉等,因含有强致癌物苯并芘,不宜多吃。熏肝、熏鱼、熏豆腐干等也含苯并芘致癌物,常食易患食道癌和胃癌。

多环芳烃:食物煎炸过焦后会产生致癌物质多环芳烃。咖啡豆烧焦后,苯并芘含量增加 20 倍。油煎饼、臭豆腐、煎炸芋角、油条等,多数使用重复多次的油,高温下也会分解出致癌物。

多环碳氢化合物:煤焦油中具有致癌作用的物质是多环碳氢化合物,如 3、4-苯并芘和甲基胆恩等。工厂排出的煤烟,汽车排出的废气,燃烧的纸烟,都含有这些物质。

芳香胺类:多存在于染料中,有致癌作用,印染厂工人的膀胱癌发病率高与此有关。

氯乙烯:目前使用最广的一种塑料聚氯乙烯是由氯乙烯单体聚合而成的,塑料工厂工人肝血管肉瘤、肺癌、白血病和脑瘤等的发病率高与同氯乙烯的较多接触有关。

病毒:许多病毒与人类癌症的发生有关。例如,E. B. 病毒(Epstein-Barr virus,人类疱疹病毒 4 型)与非洲儿童恶性淋巴瘤、白血病、传染性单核细胞增多症以及鼻咽癌有关;人类乳头瘤病毒(HPV)与妇女子宫颈癌的发生有密切关系;不同型的乳头瘤病毒还与皮肤肿瘤、舌癌、喉癌等有关;艾滋病毒常引起卡波西肉瘤、淋巴瘤和白血病等。乙型肝炎病毒(HBV)、丙型肝炎病毒(HCV)与肝细胞癌的形成有关。我国肝癌高发地区的研究也表明,感染乙型肝炎病毒会导致肝细胞慢性损伤和再生,有可能为黄曲霉毒素的诱发突变提供条件。

黄曲霉素:大米、小麦、豆类、玉米、花生等食品容易受潮霉变,被霉菌污染后会产生各种致癌毒素,如黄曲霉素等。腐败花生含有的某些种类黄曲霉素能诱发突变,因而具有极强的致癌作用,肝脏尤其是它的主要受害器官。

此外还有实验证明,有些食物中几种常见的霉菌,如串珠镰刀菌、杂色曲菌、圆弧青霉、娄地青霉、念珠菌、白地霉等都会促进食物内亚硝胺的形成,镰刀菌的代谢产物和亚硝胺有协同致癌作用。

幽门螺旋杆菌:一些科学家认为幽门螺杆菌的感染与胃炎、胃溃疡、胃癌有一定关系,所以用某些抗生素杀灭幽门螺旋杆菌可以降低胃炎、胃癌的发生率。幽门螺旋杆菌感染不但直接损伤胃黏膜,改变分泌胃酸的生理功能,还有证据表明,幽门螺旋杆菌的空泡毒素及基因毒素可使细胞内染色体发生损伤和DNA断裂。不少学者认为,幽门螺旋杆菌可能是引发胃癌的起始因素。胃癌的发生往往和幽门螺旋杆菌的感染有关,是因为感染幽门螺旋杆菌会导致慢性胃炎和肠胃溃疡病。大量研究结果表明,超过90%的十二指肠溃疡和80%左右的胃溃疡,是幽门螺旋杆菌感染引起的,而长期的溃疡有可能发展为癌症。因此,世界卫生组织(WHO)已宣布幽门螺旋杆菌是微生物型的致癌物。

寄生虫:体内某些寄生虫与某些癌症有关,例如我国"日本血吸虫病"患者中有的发生结肠癌和直肠癌,中东地区的"埃及血吸虫病"可引起膀胱癌,中华分支睾肝吸虫的感染可能引起肝脏的胆管细胞癌等。

其他因素:有些癌症,例如胃癌、食道癌、肝癌,还可能是由于长期饮用没经过烧开的水或沟塘水而发生的。据报道,经常饮用未烧开的自来水的人,其患膀胱癌的可能性将增加12%,患直肠癌的可能性将增加38%。此外,慢性的机械性和炎症性刺激,也有可能刺激细胞增生,其中少数在增生基础上发生癌变,例如慢性胃溃疡的癌变,皮肤慢性溃疡的癌变等。近代还发现,缺乏一些微量元素,如缺乏钼、硒、镁、铂等,也会引起肿瘤的发生。我国食管癌高发区土壤中缺钼,因而采取在化肥中加入钼酸铵作为食管癌综合防治措施之一,已收到了效果。

那么,外在因素是怎样导致癌细胞形成的,那些癌细胞又是怎么疯狂增殖而形成肿瘤的呢?传统观点认为,癌症是由于体细胞的正常基因发生了突变;但是当代研究结果认为,在许多情况下,是由于某些区域 DNA 的甲基化发生异常,即比平时多挂或少挂甲基(CH_3 原子团),以致关闭了附近该表达的某些关键基因,或者开放了不该表达的关键基因。也就是说,使那些原本能够抑制癌变的基因失去了活性;或者使原来处于关闭状态的"原癌基因"活跃起来了。

✳ C16 环境污染怎样引发疾病
——突变、表观遗传与健康四

当代科学家的研究结果告诉我们,生物体之间表现型的差异,不仅可能由于基因DNA分子结构本身的差异,而且还可能由于基因表达过程发生的改变。其中包括DNA甲基化水平发生异常,也就是基因DNA分子所挂的甲基(CH_3原子团)不和平时一样多,而是比正常情况多或者少。这种甲基化改变有可能通过细胞的分裂(增殖)、分化(包括形成性细胞)传递给后代,从而使亲代生物体发生的表现型变异,包括由此引起的病变,在后代继续存在。这类现象叫作"表观遗传"。

表观遗传的发现具有重要的实践意义,因为在我们的现实生活中,有可能因为饮食或周围环境某些化学物质的污染,而发生人体细胞的DNA甲基化状态的改变,这种改变有可能引起基因的不稳定性。在这种情况下,由此引起的疾病就会遗传到后代。

例如,饮食中的蛋氨酸(即甲硫氨酸)和叶酸是DNA甲基化所需甲基(CH_3)的供给者。如果饮食中缺乏叶酸、蛋氨酸或硒元素,就会改变基因的甲基化状态,导致神经管畸形、癌症和动脉硬化。

再例如,某些职业中接触到的化学药品、燃料排放、水污染和吸烟(包括被动吸烟)等环境污染,所释放出来的有害物质,如砷(砒霜)和多环芳烃(苯并芘)等,都会增加基因不稳定性和改变细胞的物质代谢。

研究结果还认为,金属镍也是一种致癌物质,它致癌的主要原因很可能是表观遗传改变。具体地说,金属镍会使动物细胞里的调控基因发生高度的DNA甲基化,由于调控基因不能像往常一样向抑制肿瘤的基因发号施令，所以抑制肿瘤的基因保持沉默，不起作用了。

又例如，香烟烟雾是引起肺癌的罪魁祸首。吸烟患者肺癌的发生与DNA甲基化有关。正常生理过程中的DNA甲基化能使调控基因正常执行功能；而在吸烟患者中，DNA甲基化过程发生异常，导致他们的调控基因紊乱，就好比指挥官发号施令出了差错，结果事与愿违，被激活的是促进肿瘤的基因，而被封杀的是抑制肿瘤的基因。

当代研究结果还认为，表观遗传疾病发生的可能性还同每个人对以上饮食因素和环境因素的敏感程度有关。例如，调查发现，有人吸烟得了肺癌，有人同样吸烟却没有得肺癌，这和吸烟者的内在因素的差别有关。目前科学家已经确认，同吸烟引起肺癌有关的 CYP1A1 基因就具有基因型的多态性，也就是说，不同人群、不同个体之间，这种基因的DNA 分子结构有些不同，从而表现为吸烟引起肺癌的易感性不同。CYP1A1 基因存在 3 种多态性，也就是存在互有微小区别的 3 种分子结构，属于其中 C 型的人，少量烟草就足以使他们得肺癌。此外，调查结果还表明，不同种族之间，这 3 种基因型的分布频率存在很大差别。这个调查结果能够用以解释为什么不同种族吸烟导致肺癌的概率不相同。

我们相信，随着对表观遗传更加深入的研究，相关疾病的发病机理将被认识得更加具体和清楚，那时人们将能够针对表观遗传疾病的风险，采取更有效的防保措施；一旦发生这类疾病，也有可能采用更加对口的药物加以治疗或控制。

✳ C17 肿瘤是怎样形成的
——突变、表观遗传与健康五

肿瘤是怎样形成的？这涉及肿瘤怎样防范，所以是现代人普遍关注的问题之一。然而这个问题的答案，目前还存在着各种不同的说法。我们这里介绍的是其中实验证据比较多的一种理论，这种理论的基本内容是 DNA 的甲基化和肿瘤的形成有着密切的关系。

所谓 DNA 甲基化，是指基因（DNA）的部分化学结构被挂上了叫作"甲基"（CH_3）的化学原子团，这本来是控制基因开关的正常步骤。一般地说，正在转录中的基因，它的甲基化水平比较低，也就是 DNA 上面挂着比较少的甲基；而正在关闭中的基因，它的甲基化水平比较高，也就是 DNA 上面挂着比较多的甲基。如果某个基因，因为某种意外而造成甲基化水平发生变化，甲基比正常情况多了或者少了，那么，这个基因的活性就有可能发生异常——该启动的不启动，或者该关闭的不关闭，就好比意外事故使人们原本正常的社会活动受阻，或者意外事故引发了社会骚乱。

许多研究结果表明，肿瘤的发生和 DNA 异常的甲基化水平有关。具体地说，由于抑制肿瘤的基因（抑癌基因、DNA 修复基因）的一些区域被异常地增加了甲基化，另一些区域异常地发生甲基化缺失，因而细胞里的抑癌基因和 DNA 修复基因都不能发挥应有的作用，结果就会造成细胞的生长失去正常的调控，发生无限度地自主增生，表现为疯狂的增殖而形成肿瘤。当肿瘤具有转移的特性时，就演化为恶性肿瘤，也就是发生了通常所说的癌症。

肿瘤和癌症的发生是环境因素和遗传因素共同作用的结果,外因通过内因起作用,其中遗传因素在一定条件下起着决定作用。遗传因素的作用首先表现在肿瘤的发生具有明显的种族差异,由于种族间遗传背景有差异,不同人种中某些肿瘤的发病率不同。其次还表现在肿瘤的家族聚集现象,在一个家系的几代人中有多个成员发生同一器官或不同器官的恶性肿瘤。又例如,12%～25%的结肠癌患者具有结肠癌家族史。

❋ C18　冠心病和脑卒中的控制
——突变、表观遗传与健康六

　　通常说的冠心病、心绞痛,是动脉粥样硬化造成的,主要表现为动脉的脂质沉积、平滑肌细胞增殖,以及血管柔性下降。

　　研究表明,动脉粥样硬化的过程伴随着 DNA 甲基化水平降低。DNA 甲基化是指基因上面或多或少挂着一些甲基(CH_3),通常是正在表达的基因甲基比较少,正在关闭的基因甲基比较多。这本来是基因表达过程中的正常现象。

　　但是,当甲基异常地发生明显增加或减少的时候,就会影响基因的正常表达。也就是说,此时此地该表达的基因关闭了,或者此时此地该关闭的基因反而表达了,就好比某个时刻该运行的一列火车突然停车,或者该停运的另一列火车突然启动,结果造成交通事故。人体细胞的基因表达也与此相似,例如,当人体细胞中的叶酸、维生素 B_6 和维生素 B_{12} 缺乏时,它们所调节的 S-腺苷甲硫氨酸也会缺乏,后者是通用的甲基(CH_3)来源,它的缺乏会使 DNA 甲基化水平降低,从而间接导致平滑肌细胞增殖,促进动脉斑块的形成,引起血管柔性下降。因此,通过改善食谱,注重食用绿叶蔬菜和适量粗粮,以及口服叶酸、维生素 B_6 和维生素 B_{12} 等药物的途径,能够有效逆转冠心病的以上症状。从遗传学的角度来说,这些治疗措施能够干预不正常的基因表达过程。

　　目前临床上能通过检测血清中的同型半胱氨酸(HCY)升高的程度,来估计高血压患者发生脑卒中(脑溢血或脑血管梗塞)的风险。有调查结果表明,高血压人群中,同型半胱氨酸(HCY)超标的人,发生脑卒中的概率比同型半胱氨酸（HCY）正常的人高得多。这是什么道理呢？这是因为，同型半胱氨酸如果在血清中积累过多，就说明它所应当转化成的甲硫氨酸发生亏缺，甲硫氨酸接着生成的 S-腺苷甲硫氨酸也就会跟着亏缺，其结果是无法维持 DNA 甲基化的正常水平。因此，对于患有高血压症，即血压等于或高于 140/90 mmHg 的人群来说，需要重视控制同型半胱氨酸的积累，它在血清中存在的浓度应当控制在 0～10 μmol/l，而不是正常健康人的 5～15 μmol/l。

✳ C19 染色体病的由来和防范
——染色体数目变异与疾病一

人类因为染色体发生异常而引起的遗传性疾病,叫作染色体病。由于同一条染色体上一般排列着若干基因,所以染色体病通常涉及多种器官,表现多种症状,因而被称为某某综合征。

那么,染色体在什么情况下容易发生异常呢? 首先是辐射的影响。在射线照射的情况下,细胞分裂时两组染色体没有按照常规对等地分开,而是一组染色体中的某个染色体因为行动迟缓而"落单",或者"私自"违规跑到对面那一组去"加塞",结果新形成的两个子细胞,有可能少一条或多一条染色体。细胞里少了一条的叫作单体,多出一条的叫作三体。例如,人类当中的某些流产现象是由于胎儿少一条染色体引起的;某些遗传性疾病是因为多出一条染色体引起的,患儿大多数早早夭亡。辐射还可能引起染色体上缺失某个段落,或者重复某个段落,生物体也有可能因此发生表现型的某些变异。例如,某些遗传性疾病就是因为个别染色体段落的缺失或重复而发生的。以上提到的这些疾病统称为染色体病。为了防范子女染色体病的发生,准备生儿育女的夫妻尤其需要远离辐射。

此外,高龄生育也会增加子女患染色体病的风险。伟大的生物学家达尔文的家族悲剧除了主要根源是近亲婚配之外,也有高龄生育的因素。据了解,达尔文的小儿子 2 岁夭折,可能与他母亲 45 岁以上高龄生育有关。

调查表明,某些染色体病发生的频率和母亲的生育年龄有很大关系,母亲35～39岁生育的小孩,比母亲25～29岁生育的小孩的患病可能性大得多。也就是说,患病小孩的母亲多数是高龄产妇。为什么呢?这是因为,女婴一出生就开始为将来自己产生卵细胞做准备了。实际上,她一出生就拥有全部初级卵母细胞,一共400个左右。将来初级卵母细胞会分化出次级卵母细胞,次级卵母细胞再分化出卵细胞。就好比"姥姥"生出"妈妈","妈妈"生出女儿。形成了这些"女儿"(卵细胞),才有可能和精子结合形成受精卵,生男育女。但是,这个过程相当漫长,到了青春期才会每月形成并排出一个卵细胞。所以,生育年龄越晚,卵细胞的"姥姥"的年龄就越大,她们发生染色体"落单"或者"加塞"等异常现象的可能性也就越大。因此,提倡晚婚晚育应该适度,生育年龄最好不超过28岁,而不是越晚越好。

C20 奈何子女先天病 可怜天下父母心

——染色体数目变异与疾病二

由于同一条染色体上一般排列着若干基因，所以染色体病通常涉及多种器官，表现多种症状。以下是染色体病的若干实例。

首先的一个实例，是发生在女性的“先天性卵巢发育不全综合征”。这种患者的细胞只具有45条染色体，也就是比正常女性少一条X染色体。它在新生儿的女婴中的发病率大约是1/2 500，但是胎儿有90%以上都会自发流产，所以在自发流产儿中，这类综合征发生率高达7.5%。有半数这类综合征患者后发髻低下，有蹼颈。由于在胚胎发育中胎儿的颈部会出现一个大囊，在随后发育过程中虽然囊内物会被身体吸收但外面的皮肤却变得松弛，所以会出现蹼颈。此类患者刚出生时的手和足部大部分有淋巴样肿大；患者身材矮小，身高为120～140 cm，原发闭经，子宫发育不全，外生殖器发育不良，女性第二性征几乎不发育，没有生育能力。

还有就是发生在男性的“先天性睾丸发育不全综合征”。这种病在全体男性中的发生率大约1/800；在精神发育不全的男性中发生率大约占1/100；在男性不育症的个体中大约占1/10。这类综合征的整体临床表现倾向于女性化发展，即男性第二性征不明显，譬如虽身材高大，但四肢细长，生殖器官发育不全，睾丸不发育或隐睾，无精子生成，婚后不育，体毛稀少，无胡须，乳房发育女性化等。这种综合征患者具有47条染色体，也就是比正常男性多出一条X染色体，但是外表基本上表现为男性，一般在青春期之后才渐渐出现症状。

此外科学家还发现，个别性染色体虽然没有整条增加，但是它的某些 DNA 序列增加，也会引起遗传病。例如至今仍然被称为"脆性 X 染色体综合征"的遗传病，目前研究认为，是 X 染色体上影响智力发育的致病基因所引起的。这个基因所含有的碱基 CGG 短序列，正常人只有 30 次重复，而上述遗传病患者则可高达 1 000～3 000 次重复，相邻区域也被高度甲基化，导致相邻基因关闭。患者主要表现为中度到重度的智力低下。其他常见的特征还有身长和体重超过正常儿，发育快，前额突出，面中部发育不全，下颌大而前突，耳大，唇厚，下唇突出。另一个重要的表现是大睾丸症。一些患者还有多动症、攻击性行为或性情孤癖，凝视回避，呈害羞状和一定的语言、行为障碍，1/5 患者有癫痫发作。据报道，这种遗传病目前被认为是发病率仅次于 21 三体综合征的一种染色体病，男性发病率高于女性。

人类最常见的一种常染色体病叫作 21 三体综合征，新生儿中的发病率高达 1/800。它是编号为 21 号的染色体多出一条造成的，主要临床表现为明显的智力障碍，智力低下；生长发育迟缓，出生时身长、体重低于正常儿；特殊面容：小头、耳位低、眼间距宽、鼻梁低平、口常张开、舌大且常伸出口外，所以又俗称为"伸舌样痴呆"；脚趾间距宽，手掌为通贯掌的概率高。这种病往往会伴随着一些并发症，特别是年龄稍大时，会出现心脏病、白血病，就是因为 21 号染色体上存在同这些疾病相关的基因。以前技术条件不发达时，这种患者一般只存活到 30 岁；但随着技术的发展，如果家庭特别关注的话，现在也能正常生活，甚至还可以有自己的特长，例如，具有指挥乐队特长的舟舟就是一个令人赞叹的实例。

还有一种常染色体病叫作 18 三体综合征，是 18 号染色体多出一条造成的，在新生儿中的发病率是 1/5 000～1/4 000，女婴的发病率高于男婴。由于 18 号染色体比 21 号染色体稍长一些，携带的基因更多一些，所以 18 三体综合征患者的表型要比 21 三体综合征患者的更严重些,主要表现为:生长发育障碍,出生体重低,平均体重 2 243 g 左右,智力低下,特殊的握拳姿势,肌张力亢进,眼裂小,眼间距宽,指纹一般都是弓形指纹,一般还伴随着先天性心脏病和肾脏病。这种病的个体一般在胚胎妊娠第 6~8 周开始出现异常,并在一岁之内夭折。

又有一种常染色体病叫作 13 三体综合征,是 13 号染色体多出一条造成的。发病率为 1/7 000~1/5 000,女性发病率高于男性。由于 13号染色体比 21 号和 18 号染色体都长一些,因而上面分布的基因也更多一些,所以患者的表现也更严重一些。患儿出生时体重低,生长发育障碍,严重智力低下,小头,眼球小,常有虹膜缺损,鼻宽而扁平,耳位低,耳廓畸形等,并且一般伴随着多囊肾。一半左右的这类患儿在出生 1 个月内夭折。

刚才讲过,个别常染色体不是整条缺失,而是部分缺失,也会引起遗传病,例如"猫叫综合征"。这种病是 5 号染色体不完整,存在部分缺失引起的,发病率为 1/50 000。患儿因为喉咙发育不完善,刚出生时哭声与猫叫声相似,随着年龄的增长声音会好些。除了哭声像猫叫之外,患儿还有智力低下、生长发育迟缓、肌张力低下、小头、满月脸等症状。

❀ C21 正确区分家族性疾病、先天性疾病、传染性疾病和遗传性疾病

——遗传病与环境

我们在填写个人健康登记表时，有时候会看到登记表上有一栏是“家族史”，要求填写家族中有谁患过和你相同或不同的什么病，不论是不是先天就有的，或是遗传性的。

然而，常见的一种误区是把家族性疾病和遗传性疾病等同起来。例如错误地认为，如果男女双方的家庭没有出现遗传性疾病，那么他们婚后的后代中也不会诞生患遗传性疾病的孩子。其实，不少遗传性疾病，例如白化病和大部分的先天性聋哑，都是一对隐性致病基因在某个人身上达到纯合时才能表现症状。也就是说，我们正常人身上也有可能携带一个这样的致病基因，只是没有临床表现而已，实际上很难见到有家族史。所以，当前家族成员中没有患遗传性疾病的个体，并不能保证不产生患有遗传性疾病的下一代。

例如，有一种人类遗传病叫作苯丙酮尿症(PKU)，患病的小孩有个典型的症状就是浑身有种臭味，有时会被一些人叫作“臭小孩”，同时还有头发变黄、掉头发等现象。这种 PKU 疾病是由于某一对纯合隐性基因造成的，一对夫妻即使表现正常，也有可能生下这种 PKU 患儿。

在这里，还应当附带郑重说明的是，患儿这种基因型表现为症状有个过程，事实证明，还存在人为成功干预的可能性，应当及早发现、及时治疗，否则会影响孩子神经的发育进而影响孩子的智力。随着我国《母

婴保健法》和《新生儿筛查技术规范》的颁布，我国新生儿筛查覆盖率逐步提高，越来越多的PKU患儿得到了及时的诊断和治疗，避免了神经、精神损害，能够和普通儿童一样健康成长。

回过来还说说家族性疾病。有些家族性疾病实际上并不遗传。真相是由于家庭成员生活在共同的环境中，某些环境因素引起的疾病会表现为家族聚集性，例如一家中多个成员或一个局部区域的人群，都可以由于饮食中缺少维生素A而患夜盲症，因为缺铁而贫血，因为维生素C缺乏而引起坏血病，因为缺碘而导致单纯性甲状腺肿和大骨节病，以及在同一环境下发生寄生虫病和烈性传染病等。

其中又例如，幽门螺旋杆菌引起胃炎，继而发展成为胃癌，这种现象很有可能在同一家庭若干成员身上同时发生。这是因为他们长期生活在同一环境里，被污染的食物和水源往往成为感染幽门螺旋杆菌的条件，而不是因为遗传。而遗传病是指由遗传物质发生改变而引起的，或者是由致病基因所控制的疾病。

另外还有一个误区，就是把先天性疾病同遗传性疾病等同起来。其实，先天性疾病指的是未出生之前或生下来就存在的疾病。母亲在怀孕期间接触环境中的有害因素，例如农药、有机溶剂、重金属等化学物质，或过量暴露在各种射线下，或服用某些药物，或染上某些病菌，甚至一些习惯爱好，如桑拿（蒸汽浴）和饮食癖好，都可能引起胎儿先天异常。其中包括怀孕头三个月母亲感染风疹病毒、巨细胞病毒、弓形虫或接触致畸物质所引起的胎儿先天性心脏病、先天性白内障等各种先天畸形或出生缺陷。这些疾病虽然是先天的，但它们是由环境因素造成的，不会传给后代，所以不属于遗传疾病。

表 C21-1　　不同性质疾病的病因和病例

疾病性质	病因	病例
家族性	生活在同一环境而发生,同一疾病在家族中聚集存在	维生素 C 缺乏引起坏血病
先天性	胎儿或婴儿先天异常,母亲怀孕时的环境因素所致	孕妇接触农药等物质引起心脏病、白内障等
传染性	病原物感染所引起	蚊虫携带疟原虫引起疟疾
遗传性	基因发生异常引起	白化病、先天性聋哑等

　　有一种称为疟疾的传染病,它并不遗传,但是有可能通过患病孕妇的胎盘传播给胎儿,从而使侥幸产下的婴儿发生先天性疟疾。疟疾俗称"打摆子",它以特种蚊虫叮咬皮肤为主要传播途径,将蚊体内寄生的疟原虫传入人体而引发症状。典型症状是高烧,并伴随有打颤、出汗、头痛。这些症状可能每天发生,也可能两三天一次地周期性发生。此外还会有脾肿大、贫血以及脑、肝、肾、心、肠、胃等受损引起的各种综合征。人群对疟疾普遍易感,主要流行在热带和亚热带,其次为温带,属于世界性传染病,每年感染数亿人。有些国家已证实,疟原虫对于某些常规的抗疟疾的药物具有抵抗性。我国女科学家屠呦呦及其团队从 20 世纪六七十年代开始,经过艰苦探索和反复试验,终于发现了治疗这种疾病的特效药物"青蒿素",并且正确地采用乙醚提取了一种野生植物中的这种有效成分,近几年来已经应用于全球,特别是非洲发展中国家,成功挽救了数百万患者的生命。85 岁高龄的我国科学家屠呦呦因此于 2015 年赢得了当今世界生命科学研究成果的最高荣誉——诺贝尔生理学或医学奖。据了解,诺贝尔奖的奖项按规定分配 80% 给基础性研究成果,20% 分配给应用性研究成果,屠呦呦的研究成果属于应用性研究成果。

　　关于疾病性质的划分,还应该指出的是,随着生命科学研究的不断发展,以前认为与遗传无关的一些传染病,如小儿麻痹症、白喉、慢性活动性肝炎也发现与遗传因素有关。研究已证实,在19号染色体上有小儿麻痹易感基因,带有这个基因的孩子易患小儿麻痹,在5号染色体也发现了白喉毒素敏感基因,带有此基因的孩子易患白喉,有HLA-B8基因的人易患慢性活动性肝炎。

✳ C22 我们将来怎样看病
——基因芯片的应用

　　科学家预言，人们的诊疗方式将面临一场革命。我们现在习惯于医生面对患者询问病史、病情，"您怎么不舒服啊?"是医生最常用的开场白。接着，或许就请患者张开嘴巴瞧瞧喉咙，或者使用听诊器听听患者的心跳和呼吸，或者是用手法检查患者的腹部，试试有没有肿块或痛点，等等。最后，医生开出处方、化验检查申请单。那么，我们将来会怎样看病呢? 有学者猜想，患者听完问话之后首先面对的，可能将是一张芯片，那是一张基因(DNA)芯片或者生物(蛋白质)芯片。为什么呢? 想知道的话，就请耐心地了解一下这场医药革命的背景吧。

　　2003 年，英、美、德、法、日、中六国科学家联合完成了"人类基因组计划"，绘制和分析了人类 22 条常染色体和 X、Y 两条性染色体上的DNA 图谱。测定和分析的结果认为，以上 24 条染色体的 DNA 总长为 31.7 亿对碱基，这就是我们通常听说的"人类基因组"。其中，用于表达蛋白质的结构基因，和调控表达过程的基因，一共占 20%～30%，基因外的 DNA 序列占 70%～80%。这个图谱在医学上具有重要的应用价值。曾经报道，在这整个基因组中，人与人之间有 99.9% 的 DNA 序列相同，而差异只占整个基因组序列的 0.1%，因此推测，你、我、他之间在形态特征上的不同，以及许多致病基因，可能都存在于这 0.1% 的序列之中。但是最新研究发现，人与人之间互不相同的 DNA 约占 10%，这样也就更容易解释为什么有些人患病的风险要高于其他人。

　　目前，科学家已经开始利用基因组里的这些 DNA 序列，对诊断疾

病的方法加以创新。目前正在开发的基因芯片,就是具备这种诊断功能的重要工具。具体做法有好几种,其中一种大致是这样的:

利用巴掌大的一块玻璃片做载体,在玻璃片表面刻出许多微小的槽,让它们排列成为点阵,用来分别容纳各种已知致病基因的 DNA 单链片段,这些片段称为"探针";

医生将患有未知病因病人的总 DNA(即基因组 DNA),用限制酶切成许多 DNA 片段,并在碱性条件下拆分为单链,同时打上荧光标记,然后把它滴注到芯片上的每个点阵里,让它与事先在点阵中准备好的"探针"发生反应,这个反应过程称为"分子杂交";

分子杂交的结果,有的病人 DNA 单链片段能够和某个点阵里的单链探针配对成为牢固的双链,并且这时的双链 DNA 都带着荧光标记。由此可以断定,那个点阵的探针所代表的疾病就是病人所患的疾病。这是因为,能配成双链就能证明病人的 DNA 具有与已知的致病基因相同的序列。

那么,医生怎么判断带有荧光标记的 DNA 双链存在于哪个点阵呢?只靠肉眼是看不见、分不清的,他所依靠的是激光共聚光共聚焦显微镜等,并结合电脑的信号检测系统。电脑能够通过特定的软件把 DNA 双链的荧光标记转换成数字显示在电脑屏幕上,并且打印出来。

利用基因芯片还能够预先知道那些尚未表现症状的遗传性疾病,例如胎儿潜在的遗传性疾病。医生抽取孕妇少许羊水,从胎儿漂浮细胞提取 DNA,利用基因芯片的探针就能快速、准确地进行产前诊断。

又例如,对于具有高血压、糖尿病家族史人群的普查,对于接触毒性化学物质因而易发恶性肿瘤的人群的普查,对于心血管疾病、神经系统疾病、内分泌系统疾病、免疫性疾病、代谢性疾病等的早期诊断,都会因为采用基因芯片而大大提高工作效率和大大降低误诊率。

此外,导致传染性疾病的各种病原物,都具有互不相同的 DNA 序列，因此在基因芯片面前它们也一样"难逃法眼"，让医生在短时间内就能知道感染病人的是哪一种病毒、哪一种细菌，或是哪一种真菌；同时还能测定病原物是否对现有的药物具有耐药性，例如对哪种抗生素耐药，对哪种抗生素敏感等，从而能够准确地针对不同的病原物制定科学的用药方案。

与此同时，基因芯片还能通过检测人体的特定基因，了解不同人群、不同个体表现同一症状的不同病因，或者对同一种药物的敏感性，用于筛选适合于不同人群、不同个体的药物，以便医生根据不同人群、不同个体的遗传背景，选用不同的药物治疗同一种疾病，甚至能够进一步筛选和设计适合不同人群的新药。

目前已经进行了关于高血压、高血脂、内分泌、哮喘、肿瘤等方面的药物基因组学研究。其中，英国《自然》杂志刊登报告说，美、英、德等多国研究人员联手进行了迄今最大规模的高血脂基因研究，通过分析约10万名志愿者的基因，确定了95个与高血脂风险有关的基因，其中59个是第一次发现的。研究显示，携带这些基因的人出现高血脂的风险是其他人的14倍。此外，目前还发现原发性高血压涉及的相关基因共有70个以上。

相信在不久的将来，将有可能利用基因芯片，高效率地筛选出针对高血脂、高血压不同致病基因的降脂、降压药。同时，还可以根据不同人群、不同个体对药物敏感性的不同，设计毒副作用很低的药物，为临床个体化给药开辟一条新的途径。

由此可见，药物的设计、制造和应用正在酝酿着一场根本性的革命，最终将会实现"根据每个人的遗传情况用药"的目标。

D篇　精彩世界絮语

　　生命密码主宰着生命过程，它在化学结构上的改变，和在生殖过程中的重新组合，使得生物界愈加丰富多彩。

　　本篇目的就在于通过我们身边的典型实例，说明生命密码的多样性怎样造就这个异彩纷呈的大千世界。期望你能在这生物万花筒里，不仅梳理出万紫千红的碎片之间的有机联系，并且能像吸吮甘露一样品尝到知识的甜美，像听歌、观剧一样享受科学的乐趣。

✿ D01 苹果品种怎样保持风味
——细胞有丝分裂与无性生殖

　　每当夏末入秋,苹果大量上市的季节,不论大商场里或者小果摊上,都会琳琅满目地摆满许多品种的苹果,顾客们可以根据自己喜欢的色、香、味从容选购。每一个特定的苹果品种通常都有一种特有的风味,多年稳定、一致,国光就是国光,红玉就是红玉,因此品种的名称也成了部分顾客选购的根据。那么,我们要问,特定苹果品种的特有风味为什么能够保持稳定、一致呢?其实,答案就在苹果品种的由来和繁殖方式里。

　　原来,育种家培育苹果新品种,目前大多数采用杂交的方法。简单举例来说,是选用两个优、缺点互补的现有品种,配成父本和母本进行杂交产生种子;把这些种子播种下去,就会长出五花八门的苹果树,这棵树结的是红果皮、脆果肉、味道香甜的果实,那棵树结的是绿果皮、绵果肉、味道甜中带酸的果实,当然也有不少果树结的是既难看又难吃的果实。育种家正是从五花八门的苹果树组成的这个群体里,选择符合他理想的少数单株来,再利用树上的枝条进行扦插繁殖和进一步比较、鉴定,确定新品种。这里值得注意的是,从理想单株到新品种,所经历的繁殖过程都利用枝条进行扦插。接着,把新品种推广给果园的时候,育种家交给果农的是新品种的许多枝条,果农通过扦插这些枝条来生产果实。

　　我们知道,通过扦插枝条进行繁殖,是一种无性繁殖方式,也就是说,是一种不经过授粉,不经过雌、雄性细胞结合的繁殖方式。通过这种无性繁殖方式产生的后代,都和它们的亲代表现一致。举例来说,如果育种家选到的理想单株是结红果皮、脆果肉、味道香甜果实的,那么,接受新品种的果农生产出来的果实也都是红果皮、脆果肉、味道香甜的。

那么,为什么无性繁殖方式产生的后代苹果树会和它们的亲代苹果树表现一致呢?也许聪明的朋友会抢先回答说:"因为这些后代继承了它们亲代的基因",或者回答说:"因为上一代的基因通过染色体传递给下一代"。这些回答并没有错,但是没有回答无性繁殖在这里起了什么作用。

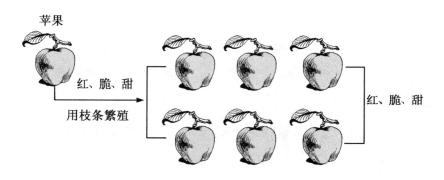

图 D01-1 苹果(杂种)无性繁殖的结果

实际上,生物繁殖的基础是细胞分裂。比如苹果枝条上有芽,芽里的细胞先把自己储存的染色体和染色体上面的基因,复制成为两份,然后细胞发生分裂,一个细胞变成相同的两个,复制好了的两份染色体和它上面的基因平均分配到这两个新产生的细胞里。我们通常把经过分裂产生的这两个细胞叫作子细胞,而把原来的一个细胞叫作母细胞或者亲细胞。细胞的这种分裂方式因为伴有纺锤丝出现,所以叫作有丝分裂。有丝分裂保证了染色体和基因在亲细胞和子细胞之间的传递,使得子细胞具有和亲细胞几乎完全相同的生命密码,就好比人类双胞胎中的同卵双生。

现在我们回过头来还说果树。果树由于芽的细胞不断进行有丝分裂,基因就随着染色体进入不断形成的许多新细胞里。因此,当这些新细胞组成的新枝条用来繁殖果树的时候,原有旧枝条的遗传特性自然就会表现在后代果树上了。

✳ D02 能不能用种子生产苹果
——细胞减数分裂与有性生殖

　　也许有人要问,大家吃完苹果肉剩下的种子,能不能用来繁殖苹果呢? 比方,播种伏帅苹果果实里的种子,让它们都长成树,然后从这些树上收获伏帅苹果。答案是否定的。为什么呢? 因为那样做的话,你会发现你收获的将是五花八门的苹果,而不是色、香、味整齐一致的伏帅苹果。这也是果农不用种子生产苹果的原因。

　　那么,用种子生产出来的苹果表现不一致的原因又是什么呢? 原因就在于同一株伏帅苹果树所结的许多种子,储存在它胚细胞里的DNA生命密码是多种多样的,如果播种这些种子,那么所长成的许多果树之间,就会表现出各种差异,不可能保持同伏帅苹果树一样的品种特性。

　　说到这里,我们自然还会进一步深究下去:为什么同一株伏帅苹果树所结的许多种子,会在各自的胚里面储存互不相同的生命密码呢?

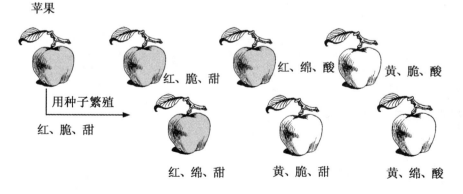

图 D02-1　苹果(杂种)有性繁殖的结果

为了回答这个问题,需要从伏帅苹果种子的形成说起。

这首先是因为伏帅苹果这个品种,和大多数苹果品种一样,是通过杂交得到的杂合体,通俗地说就是杂种。这个杂种的细胞核里有半数基因来自叫作"长早旭"的父本,另外半数基因来自叫作"金冠"的母本。他们通常相安无事,各占半边天,可是一旦要"生儿育女"产生种子了,这些成双成对的基因们就要闹分家,彼此重新打乱和分配到所形成的种子里,因此,所形成的不同种子就会储存着互不相同的、形形色色的生命密码。

您想了解杂合体里的成对基因是怎么闹分家和重新组合的吗? 其实也很简单,这个过程叫作细胞的减数分裂,就是一个细胞分裂形成两个新细胞的时候,每个新细胞分别只得到旧细胞的半数染色体。但是我这半数染色体和你那半数染色体,所携带的基因是有区别的,兴许我得到的基因来自父亲的多,你得到的基因来自母亲的多。这种细胞分裂的方式发生在生物的性成熟时期,分裂完成之后就形成许多雌、雄性细胞,也就是卵细胞和精子,它们携带的 DNA 生命密码互不相同、五花八门。五花八门的卵细胞和五花八门的精子随机结合,再经过发育,就构成种子里形形色色的胚了。

讲到这里,我们可以简要地做出这样的结论了:苹果品种是杂合体,存在着父本和母本的各种基因。在无性繁殖时,它能够保持品种特性,但是在有性繁殖时就不能保持品种特性。原因是:①无性繁殖只经过细胞有丝分裂,能把杂合体的所有基因,像完整的"秘密图纸"一样,原原本本传递给后代(无性后代),这种后代的许多个体得到的是一模一样的整张"秘密图纸"。②有性繁殖就不同了,它要经过细胞的减数分裂,把存在于杂合体里的所有基因重新打乱和分配到性细胞里,性细胞们分别得到的"秘密图纸"是多种多样的、互不相同的半张。因此,雌、雄性细胞们随机结合并发育形成的许多种子(胚)之间,它们的"秘密图纸"是千差万别的。

✻ D03　怀不上孩子的西瓜
——染色体数目变异一

夏天到来的时候,大小市场的货架上,农民进城直接送货摆卖的货车上,各色瓜果琳琅满目、丰富多彩,其中自然不乏人们盼望已久的西瓜。摆卖的西瓜,有些已被拦腰切开,并且蒙着一层透亮的保鲜膜,正在用它那皮薄、瓤沙、色红和水灵灵的姿色诱惑着过往的行人。细心的人们会发现,其中有些切开了的西瓜竟然是例外地清一色的红,见不到通常镶嵌在其中的黑色籽粒。面对这种场景,有的人可能在犹豫要不要俩回去给老人、小孩尝尝鲜,有的人则可能会思考这些西瓜怎么会没有籽,也可能有人会琢磨着这些没有籽的西瓜究竟是怎么种出来的。

如果你也想知道这个"究竟",那就请你听我接着说吧。原来,瓜农种植无籽西瓜用的瓜苗,可以有两种不同的来源:一是购买"特制"的种子;二是购买组织培养得到的瓜苗。

那么,这里说的"特制的种子",究竟"特"在哪里呢?

原来,这"特制的种子"是通过两种西瓜杂交得到的。参加杂交的两种西瓜植株中,贡献花粉的一方叫作父本,接受花粉的一方叫作母本。选作父本的西瓜植株,体细胞核里具有2组染色体,所形成的精子含有其中1组染色体;选作母本的西瓜植株,细胞核里具有4组染色体,所形成的卵子一般含有其中2组染色体。因此,父母本授粉之后形成的"特制种子"就具有3组染色体。这"特制的种子"播种下去长成的西瓜植株,到了性成熟的时候,它细胞核里那3组染色体之间不能正常配对,因而分配到性细胞的时候显得十分紊乱,结果不能形成有生活力的精子和卵子,所

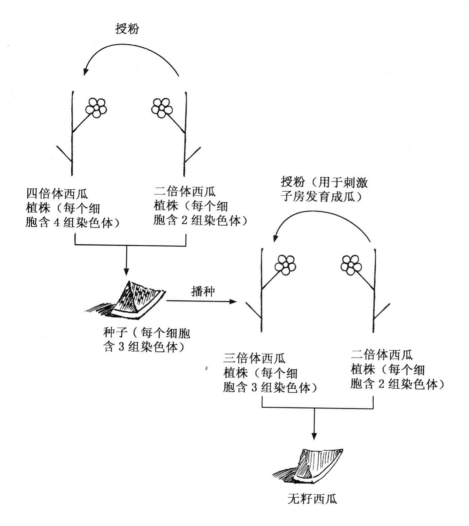

授粉

四倍体西瓜
植株（每个细
胞含 4 组染色体）

二倍体西瓜
植株（每个细
胞含 2 组染色体）

播种

种子（每个细胞
含 3 组染色体）

授粉（用于刺激
子房发育成瓜）

三倍体西瓜
植株（每个细
胞含 3 组染色体）

二倍体西瓜
植株（每个细
胞含 2 组染色体）

无籽西瓜

图 D03-1　无籽西瓜的制种过程

以这种植株上结出的西瓜没有籽粒,就好比夫妻双方都没有生育能力而怀不上孩子。

关于利用组织培养技术生产瓜苗的过程,简单地说,就是把现有的无籽西瓜植株上的叶片取下来,洗干净,消毒,切成小块,接种在盛着营养物质的玻璃瓶里，让它们逐渐分化，发育成为完整的西瓜苗。其实，田间挂满无籽西瓜的植株，全身细胞都有发育为完整植株的可能性，可以从中选择质量好的叶片，做室内组织培养的材料。而且，由于它们细胞核里都具有 3 组染色体，所以组织培养得到的瓜苗，最后结出的西瓜也都是没有籽的。

以上讲的就是无籽西瓜的来历。总而言之一句话，不结籽的原因是 3 组染色体不配对导致精子、卵子没有生活力。能结籽粒的普通西瓜，2 组染色体之间能配对，4 组染色体之间也基本上能配对。遗传学上把具有 2 组染色体的西瓜叫作二倍体西瓜，具有 4 组染色体的西瓜叫作四倍体西瓜，而把具有 3 组染色体的西瓜叫作三倍体西瓜，这三倍体西瓜就是无籽西瓜。

但是，还应当在这里补充重要的一句话：瓜农种植三倍体西瓜苗的时候，需要同时隔几行种植一些普通的二倍体西瓜苗，为的是产生有生活力的花粉，依靠风力给无籽西瓜植株上的花朵授粉，以便刺激无籽西瓜的子房发育、膨大。不然的话，临到后来就会不但没有籽，并且也没有瓜了！

❀ D04　琳琅满目的多倍体世界

——染色体数目变异二

无籽西瓜、香蕉、黄花菜和新疆无籽葡萄都是三倍体，它们不结籽粒的原理是相同的。其实，三倍体植物除了表现不结实以外，有的还表现为体积变大，内含物增加，例如三倍体甜菜，比起普通的二倍体甜菜来，块根大、含糖量高。有的三倍体植物表现为产量高，例如三倍体桑树，桑叶产量高于二倍体桑树。

然而，并不是所有三倍体植物都对人类有利。比方，要是你用二倍体的水稻同四倍体的水稻杂交，那么，所结出的籽粒就是三倍体，用它播种得到的三倍体植株就会因为“怀不上孩子”而颗粒无收，让我们“喝西北风”去了。更不用说人类当中发现的三倍体了，实际上人类只有极少数三倍体胎儿能够存活到出生，在自发流产的胎儿当中，三倍体就属于常见的类型。

我们还应当知道，有些生物，例如雄峰，细胞里只具有 1 组染色体，因为它是蜜蜂的卵细胞不经过受精发育而成的，叫作一倍体。相反，有些植物具有 4 组染色体，遗传学上叫作四倍体，例如我们常见的马铃薯品种。早先的草莓品种是二倍体，后来育种家培育出了四倍体草莓，体积显著大于原来的草莓。以上马铃薯的 4 组染色体起源于同一个物种，以上草莓的 4 组染色体也起源于同一个物种，所以它们又特称为同源四倍体。普通烟草也是四倍体，但是它的 4 组染色体分别起源于两个不同的野生种，所以特称为异源四倍体。我们常见的植物里，甘薯是同源六倍体，普通小麦是异源六倍体，小黑麦是异源八倍体。

通过以上介绍，我们现在知道了什么是一倍体、二倍体、三倍体、四倍体、六倍体和八倍体。其实，大多数生物都属于二倍体，例如人类、猕猴、黄牛、番茄、黄瓜、牡丹、月季、水稻、玉米都是二倍体。因此，我们通常把二倍体以外的都看成是染色体数目发生变异的类型，其中染色体组数目等于或高于3组的，又统称为多倍体。现在知道，多倍体广泛分布于植物界，菊花、苹果、梨、柑橘、郁金香、山茶、报春花、鸢尾等植物中都存在多倍体的类型。

同二倍体比较，同源的多倍体一般表现叶大、茎粗、花大而色浓，果实、种子、细胞、气孔、花粉都大，例如四倍体草莓的体积显著大于二倍体草莓。但是异源的多倍体的体型、器官、细胞不见得变大，只是可以兼具不同原始物种的优点，例如我国科学家鲍文奎培育的异源八倍体小黑麦，兼具小麦的优良品质和黑麦的抗逆性，但是植株和籽粒的大小与小麦、黑麦的相仿。

关于多倍体的形成，一般认为天然多倍体最初是由于射线和极端高、低温度变化的作用。例如，桃是二倍体，性成熟时期在自然界理化因素作用下，会产生少量染色体数目不减半的性细胞，这些性细胞遇到正常性细胞和它结合时，就会最终产生三倍体的桃。

人工诱发多倍体目前最有效的药剂是秋水仙素。在一个细胞发生分裂产生两个细胞时，秋水仙素能把经过复制的染色体留在同一个细胞里，从而形成染色体数目加倍的新细胞。接着，让这些新细胞在没有秋水仙素的环境下正常分裂、增殖，就能得到染色体加倍的细胞群。例如，用秋水仙素处理小麦的分蘖节一段时间，就有可能获得染色体加倍的小麦分蘖。

❋ D05   形形色色的百合花
——染色体结构变异一

百合花不仅可以用来观赏,又因为它的鳞茎含有丰富的淀粉,所以还可以作为蔬菜食用,食用百合在我国具有悠久的历史。而且中医认为百合性微寒平,具有润肺、止咳、清火、宁心安神的功效,花和鳞茎都可入药,是一种药食兼用的花卉。如果问起花名的由来,国内外都有不少传说。

国内的一个传说,是早年四川有个蜀国。国君与皇后恩爱有加,生有王子100人。后受妃子谗言,将皇后、王子驱赶出境。不久滇国发兵攻城夺池,蜀国文武大臣和兵卒因不满国君为人,个个只顾保命,无人冲锋陷阵,形势万分危急。刹那间,却见远处奔来一小队人马,一阵猛冲猛杀,敌军人仰马翻。事后得知,援军竟是被国君驱逐出宫的百名王子及其家臣。经劝说,国君老泪纵横,重新接纳皇后和百名王子,合力治理国家。多年以后,附近高山林下长出了一种奇异植物,被当地百姓取名"百合",既有该植物地下茎由层层鳞片抱合而成之意,又是"家和万事兴"、百子合力救蜀王的象征,而后人更将百合花比喻"百年好合",用于婚礼等场合寓意吉祥、祝福新人。想必当同事或好朋友办喜事的时候,往往会给他们送去一束鲜花,尤其遇到这个喜事是结婚的时候,往往送的就是百合花。尽管送去的通常是白色的百合花,因而显得更为优雅;然而,实际上百合花的花色和形态有许多种,因品种而异,甚至还因为差异很大而被植物分类学家归属于不同的物种。

根据科学家研究,百合的两个不同物种——竹叶百合和头巾百合,虽然植株的各部分器官具有互不相同的特征，它们的细胞里却都具有12对染色体，而且染色体的大小、形态，在这两种百合之间是相同的。为了在染色体上找到它们之间器官特征不相同的原因，科学家将这两种百合杂交，然后使用显微镜观察杂种植株形成生殖细胞过程中的染色体。结果发现，染色体在配对的时候，有 6 对正常地成双配对；另外 6 对染色体，每一对都抱成一个圈。这 6 个圈的出现证明这个杂种的两个亲本物种之间，有 6 对染色体的 DNA 碱基排列顺序是互相颠倒的，称为"倒位"。

倒位染色体是怎样形成的呢？以一条正常染色体为例，它在自然界射线的作用下发生两处断裂，然后中间那一段染色体断片颠倒过来，和两端的断片重新连接，这样就成了倒位的染色体。在漫长的物种进化历程中，积累了多对染色体倒位的百合便在植株器官上发生很大的变异。于是，现在一般认为染色体倒位也是生物进化、形成新物种的一种途径。

科学家发现，有些生物发生染色体倒位之后，会适应不同的自然环境。例如，有一种很微小的飞蛾叫作果蝇，水果摊上往往可以见到它们飞来飞去。由于在漫长的进化过程中发生过染色体倒位，果蝇便形成了两种不同的类型，一种适应海拔比较低的环境，另一种适应海拔比较高的环境。所以，科学家便观察到不同海拔地区分布着不同类型的果蝇。

✽ D06 坏事变好事，多生变少生
——染色体结构变异二

我国台湾省和辽宁省有过利用遗传方法控制害虫的报道。他们首先使用射线照射害虫的蛹，待到羽化后将成虫放飞到田间。这些害虫因为经过射线处理，其中一部分染色体发生断裂，而后重新愈合时互相错接，这种现象叫作染色体易位，会影响害虫生殖细胞的生活力。因此，其中的雄虫与田间染色体正常的雌虫交尾产下的卵有一半不能孵化，结果少生了很多小害虫，从而降低了当地的虫口密度。

若干年前美国有个优良葡萄品种，表现高产、抗病、甜度高，但是果实比较小，从而影响商品价值。如果从头培育高产、抗病、甜度高并且果实又大的新品种，需要经历很长的年限。为了只改变原品种果实小的缺点，他们用射线处理这个葡萄品种的幼芽，诱发染色体易位，再用这易位葡萄和正常葡萄杂交。由于染色体易位影响植物生殖细胞的生活力，这样杂交得到的杂种植株便只结半数果实。但是，在同等的营养条件下，葡萄果实显著变大。这个办法的作用是变多生果实为少生果实，变小果实为大果实，取得了相当于我国果农"疏花疏果"传统技术的效果。传统的"疏花疏果"技术，就是用人工方法除掉繁冗的花朵，减少拥挤的幼果，让留下的幼果得到更加充分的营养，逐渐长成大果。

染色体发生断裂和错接，是生物界的异常现象，看起来是坏事，确实可能因此影响生物体正常生长发育。但是，在一定条件下，这种坏事可以转化为好事。人们利用染色体发生断裂和错接，使害虫变少了是好事。葡萄果实结得少了，似乎是坏事，可同时却变大了，也是好事。

以上具体讲到的坏事变好事，是通过染色体的易位发生的。易位是染色体结构发生变异的一种类型，此外还会出现倒位、缺失和重复等结构变异类型。易位是指染色体片段转移到另一对染色体上。倒位是指染色体断裂和愈合时，一个片段以相反的方向接到原来那一条染色体上。缺失和重复是指染色体断裂后，一个片段错接到同一对的另一条染色体上，于是付出的一方缺失，接纳的一方重复。以上种种结构变异都有可能影响生殖细胞的生活力，或者基因的表达结果。其实，染色体在自然条件下也能发生结构变异，只是未必发生在人们需要它发生的生物体上。科学家认为，这也是生物进化、形成新物种的途径之一。

✳ D07 自古参商不相见
——等位基因的分离和重组一

参（念 shen）星和商星虽然同属二十八宿，却从不在同一天空出现，所以"参商"一词通常用来比喻亲友没有机会相见，或者比喻感情不和睦。在许多种高等生物里，也存在类似的现象，就是一对基因中的两个基因不能在同一场合同时表现出"庐山真面目"来。遗传学上将表现的那一个叫作显性基因，不表现的那一个叫作隐性基因。

原来，在高等生物的体细胞核里，基因是成对地存在的。为什么呢？这是因为：基因是 DNA 分子上的一个区段，而 DNA 又主要存在于体细胞核中成对的染色体上。例如，人类有 23 对染色体，黄牛有 30 对染色体，水稻有 12 对染色体，玉米有 10 对染色体。同一对染色体的大小、形态一般是相同的。

生物的某一对基因，如果化学结构彼此相同，我们就把这种状态叫作"纯合"，基因处于纯合状态的生物体叫作纯合体，例如，正常人血红蛋白的一对基因的 DNA 序列都正常。相反，如果它们的 DNA 序列存在差异，这种状态就叫作"杂合"，基因处于杂合状态的生物体叫作杂合体，例如，镰刀形贫血症患者的一对血红蛋白基因中，通常是一个序列正常，另一个序列不正常。

杂合体是指一对基因存在的状态而言，它们的表现则存在三类不同情况。这里先介绍其中一类杂合体的表现。这一类杂合体的表现，是完全显露其中一个基因，完全隐藏另一个基因。虽然它们是同一对基因，但是它们并不同时表现，就好比参星和商星都存在，但是从不在同一天空出现。

例如,有一种人类遗传病叫作齿质形成不全症,患者的牙齿有明显的缺陷,牙齿上往往出现灰色或蓝色的乳光,牙齿容易磨损。这种病是显性基因决定的,也就是说,杂合体表现为患病。

但是这一类杂合体的某些显性性状,有的会表现为不规则性,或者叫作外显不全。人类中存在着一种致病基因决定的多指症,一只手掌生6个指头,他(或她)同正常人结婚生下的子女表现正常,但是这子女可能携带着多指症的致病基因,所以孙辈里还有可能发生多指的症状,表现为隔代遗传的现象。

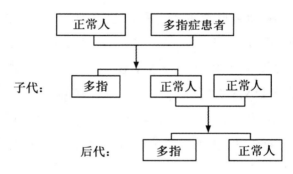

图 D07-1 多指症的显性或隔代显性遗传

这一类杂合体的另一些显性性状,有的会表现为延迟显性,例如舞蹈症,患者在出生后的一个比较长时期表现正常,发育到一定年龄才发病。曾经报道,在某个家族里,一位祖母早在 50 多岁时去世了,去世前在医院里被捆在轮椅中,手臂、腿和面部不时出现奇怪的抽搐样运动,不能说话,而且由于吞咽困难而不停地流口水,别人都认为她精神失常。这就是舞蹈症的症状,但是当时没有确诊。后来她的大儿子也在这个年龄段发生类似症状,并被确诊为舞蹈症。因此医生有理由怀疑他的小儿子和孙子都有可能具有舞蹈症致病基因,只是还没有到发病的年龄。

　　这一类杂合体的有些显性基因的表达,受到性别的影响。例如,决定头上长角的显性基因,公羊和母羊都会有,但是公羊表现为有角,母羊表现为没有角。再例如,决定秃头的显性基因,男女都会有,但是只在男性表现秃头,而女性不表现。这类现象特称为从性遗传,这和不同性别的内分泌有关。

　　这一类杂合体的某些显性基因的表达,还有受到环境条件影响的。例如,有一种植物叫作金鱼草,它的红花品种同象牙色品种杂交得到的杂合体,所表现的花色就同培育条件有关,低温、强光之下表现为红色;而在高温、遮光之下表现为象牙色。

✳ **D08 "犹抱琵琶半遮面"**

——等位基因的分离和重组二

有一种蔬菜叫作甘蓝,俗名圆白菜或洋白菜,南方也有叫作包菜或包心菜的。这是我们大家都熟悉的。但是您可能还不知道,甘蓝存在不同叶色的品种,如果其中紫红叶品种同绿色叶品种杂交,所得到的杂交种就会表现为淡紫红叶,属于中间类型,这种情况叫作不完全显性。它和父亲、母亲都不相同,既不是紫红色,也不是绿色,可以比作抱着琵琶只露半张脸。

豌豆籽粒也有这类情况。圆粒品种和皱粒品种的籽粒外形存在显著差别,一个是圆形、饱满的,另一个是皱缩的。使用显微镜观察淀粉粒时,也能看到它们之间的显著区别:圆粒品种的淀粉粒结构饱满、持水力强,而皱粒品种的淀粉粒结构皱缩、持水力弱。如果将这两个品种杂交,那么,所产生的杂种籽粒的外形是圆形、饱满的,所以通常认为豌豆圆粒对皱粒是显性,杂种的表现应当属于完全显性。但是,当我们将杂种籽粒的淀粉粒放在显微镜底下观察的时候,发现它的淀粉粒表现为两者的中间型。所以,就淀粉粒的内部结构来说,这杂种的表现属于不完全显性。

动物也有实例。有一种类型的鱼全身透明,可以清晰地看到它的五脏六腑;另一种是我们通常见到的不透明鱼。据研究,将这两种类型的鱼杂交,得到的杂种表现为半透明,能够隐隐约约地看见它的内脏,这种情况也属于不完全显性。

这里说的杂种,讲得文雅一些又叫作杂合体,用于讨论人类时当然是不能叫作杂种的。杂合体是指一对基因处于杂合状态的生物体。所谓杂合，就是这一对基因当中，有一个是显性基因，另一个是隐性基因，两者的本质区别在于基因的化学结构存在差异。

有一种人类遗传病叫作软骨发育不全症，是显性基因决定的，重病患者多在胎儿期或新生儿期死亡。但是，轻病患者与健康人结婚有可能生下轻病儿女，在出生时就体态异常，四肢粗短、头大，这些表现介于健康人与重病患者之间，所以也属于不完全显性。

以上的几个实例，杂合体都表现中间类型。这与人类齿质形成不全症的遗传表现不同，如上一章所说的，齿质形成不全症属于完全显性。

✤ D09　平分秋色共团圆
——等位基因的分离和重组三

在较多的情况下,镰刀形贫血症患者的一对血红蛋白基因中,有一个基因的化学结构正常,能够表达正常的血红蛋白;而另一个基因的化学结构不正常,表达的是不正常的血红蛋白。因此,这种患者并不表现严重的症状,只在缺氧的条件下才发病,通常把这种患者的症状表现称为不完全显性。但是,我们借助显微镜,就能观察到他的碟形红细胞和镰刀形红细胞各占半数。所以,就细胞水平上来说,表现共显性。所谓共显性,就是同时显露杂合的一对基因,这两个基因分别表达各自的蛋白质产物。在这个实例里,正常血红蛋白基因表达的结果让我们能观察到碟形红细胞,它具有正常输入氧气和输出二氧化碳的功能;不正常血红蛋白基因表达的结果让我们能观察到镰刀形红细胞,它不具有正常输入氧气和输出二氧化碳的功能。

我们或曾在麦地里见过瓢虫。它是蚜虫的天敌,鞘翅有很多变异。例如底色是黄色,但是底色上呈现不同的黑色斑纹,前沿黑色的叫作黑缘型,后缘黑色的叫作均色型。还有一种叫作黄底型,前后缘都没有黑色斑纹,只是黄底上面有许多小黑点。如果将黑缘型与均色型杂交,子一代表现为兼有双亲的特征的新类型,也就是前缘、后缘都是黑色的,这种表现也叫作共显性。

我们还知道,玉米籽粒的淀粉有糯性和粉质之分,糯性淀粉以支链淀粉为主要成分,结构比较复杂,比较不容易被我们胃里的淀粉酶消化,所以吃起来比较耐饱;粉质淀粉以直链淀粉为主要成分,结构简单,容易

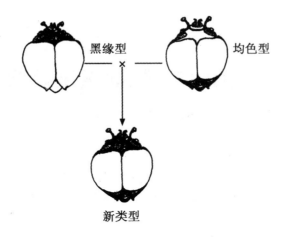

黑缘型 均色型

新类型

图 D09-1 瓢虫的共显性遗传

被我们胃里的淀粉酶消化,所以吃起来不经饿。玉米糯性品种与粉质品种杂交得到的杂种,它的一对基因中,有一个是糯性基因,另一个是粉质基因,粉质基因对糯性基因是显性的,杂种的籽粒表现为粉质,属于完全显性。但是,在性细胞(比如花粉)水平上,杂种却表现为共显性,这怎么讲呢? 这是说,这杂种产生的花粉有两种,有半数是携带糯性基因的,另外半数是携带粉质基因的。因此,我们在实验室里用碘酒稀释液将花粉染色的时候,显微镜底下能看到半数花粉染成了红棕色,显示的是糯性基因所在花粉的支链淀粉;另外半数花粉染成了蓝黑色,显示的是粉质基因所在花粉的直链淀粉。

❋ D10 离核型桃、甜玉米和糯玉米
——等位基因的分离和重组四

也许朋友们都吃过桃。但不知道你是否留意过,桃肉和桃核的附着程度在品种之间存在明显差别。有的品种属于离核型,果实成熟时果肉和果核很容易分开,让人吃果肉吃得很彻底、感觉很痛快;有的品种则相反,属于黏核型,果实成熟时果肉和果核粘连在一起,左咬右咬、不同角度地咬,都咬不干净果肉,让人觉得剩余的果肉"咬之无味,弃之可惜"。事实上,桃的离核和黏核这对性状是由一对基因决定的,育种家经过实验发现离核对黏核是显性,只有在隐性纯合的状态下,也就是一对基因都是黏核基因时,桃才表现为黏核的。喜欢黏核这一个特性的人恐怕不多。然而遗憾的是,现有桃的品种资源里,肉质好的,黏核的居多。

但是,并不是所有隐性性状都是坏事。想必许多朋友都喜欢吃甜玉米。上市季节,在城市的大街上、公园里,煮熟的甜玉米棒子至少卖到2元一根。说起它的基因型,却是属于隐性纯合体。原来,玉米籽粒淀粉的甜与非甜是一对基因决定的,非甜对甜是显性,只有一对基因都是甜基因的时候,籽粒淀粉才表现为甜的。因此,农民朋友种植甜玉米的时候,附近不应当种植非甜的玉米,或者,应当利用房屋或墙壁隔离。不然的话,非甜玉米植株"天花"里的花粉随风飘落在甜玉米植株腰际长着的棒子上,就会"发芽"(长出花粉管),接着花粉管就会顺着那里的"胡须"(花柱)窜到子房里去授精,这样一来这个甜棒子上就会有一部分非甜的籽粒了。我们知道,玉米是异花授粉植物,棒子上的籽粒,有90%以上是接受了其他植株的花粉才形成的。

　　糯玉米也是老幼皆宜的零食。糯玉米的淀粉以支链淀粉为主,通常见到的粉质玉米的淀粉则是以直链淀粉为主,所以口感明显地不同,这和糯米和普通大米的口感不同是一样的道理。由于玉米的糯性和粉质也是一对基因决定的,只当一对基因都是糯性基因时,玉米籽粒才表现为糯性,所以,农民朋友种植糯玉米的时候,应当同粉质玉米植株隔离。不然的话,糯玉米棒子上将会出现一部分粉质籽粒。这和种植甜玉米是一样的道理。

❋ D11　多彩的玉米棒
——等位基因的分离和重组五

　　玉米的同一个果穗上,有可能同时存在多种颜色的籽粒,紫、红、黄、白一应俱全,仿佛琳琅满目、色彩斑斓的珍珠镶满了一根棒子。不知道你见过没有?

　　这种多彩玉米是怎样形成的呢? 前一段时期,有人将它误传为转基因技术的产物,还煞有介事地将它作为"转基因有害"的"证据"。呵呵,用转基因技术来生产多彩玉米就好比杀鸡用牛刀,太不对路,也太不值当了。其实,自然界早就存在紫色、红色、黄色和白色的玉米籽粒,它们和普通玉米一样可以食用,就和紫色大米、红色大米、黄色大米和白色大米一样可以食用。这类多彩的玉米果穗的由来也比想象和传说的要简单得多,通过最原始的杂交方法就能得到。抓上一把各色玉米籽粒,包括紫色的、红色的、黄色的和白色的,播种在同一小块地里,植株长大后任其自由授粉,秋天就能从中选到多彩玉米果穗了。

　　如果余兴未尽,你还可以将这些多彩玉米脱粒,只选其中的一些紫粒和黄粒,用它们播种。出苗并长成植株之后,实行套袋自交,也就是人为地强制各个植株自己给自己授粉,待到秋天收获的时候,您就会看到,在同一果穗上还能出现紫、红、黄、白色的籽粒。

　　多彩玉米的出现叫作籽粒的分离现象,它是成对基因的分离和重新组合造成的。籽粒颜色的分离能表现在果穗上,是因为这些颜色是籽粒胚乳的颜色,胚乳是经过授粉、完成受精之后才形成的,花粉携带的显性基因的作用直接表现在其中。在这个例子里,胚乳外层是糊粉层,紫色对红色是显性,紫色或红色对白色都是显性;胚乳内层是淀粉层,黄色对白色是显性。

　　以上说的是胚乳颜色的分离。如果我们同时还观察胚乳的口感,是甜的还是非甜的;还观察胚乳的质地,是糯性的还是粉质的,那么,果穗上的分离现象就更加丰富了。比如,你开始做这个实验的时候,抓上的那一把各色籽粒,如果每种颜色的籽粒都有甜的和非甜的,都有糯性和粉质的,那么经过自由授粉之后,你从收获的果穗上选择紫色、黄色籽粒时,注意专门选择其中非甜、粉质的用以再播种,在长成植株后还套袋自交,那么,到秋天就会看到,有的果穗同时存在各种颜色、各种口感、各种质地的籽粒了。真可谓琳琅满目、多姿多彩啊!

✳ D12　白色种子种出红高粱的真相
——等位基因的分离和重组六

　　俗话说："种瓜得瓜，种豆得豆"，照此推理，"种高粱得高粱"应当也没问题，对吧？那么，要是我说"种白高粱得红高粱"呢，你会信吗？也许有人认为，答案应当是否定的，因为这不符合一般逻辑，也不符合通常所见的事实。可是，这偏偏是我们亲眼所见的事实。于是就会有人分析起原因来了："播种的时候一时失误，错将红种子当成白种子来播种了吧？"可我不信真有那么"马大哈"的技术员。理论上似懂非懂的学生娃可能会猜测说："会不会是因为白种子播下去之后发生了突变呢？"呵呵，生物有哪种性状的突变率这么高呀，整块田里的高粱竟然那么容易一下子全都"赤化"了？

　　那么，真相究竟是怎样的呢？

　　记得那年，某地有一块高粱丰产田，春天刚撒下种子等待复土的时候，地面一片白花花，因为撒下的是雪白的种子。接着，夏天地里长出了绿油油的植株。到秋后呢，地里竟是一片红彤彤的高粱穗，收割、脱粒以及冬天入库时再仔细观察，收获的籽粒确确实实是红色的。啊，真的是用白种子种出了红高粱！

　　原来，这块地种植的高粱是一个杂交种，具体叫作××5号。它和种植杂交水稻的道理一样，丰产田播种用的种子是从制种田里得到的。"制种田"顾名思义就是用来制造种子用的田，这田里种植着用来进行杂交的两个亲本。以上说的××5号高粱的制种田里，种的父本是红粒的，母本是白粒的，丰产田播种用的种子结在母本植株上，所以是白粒。

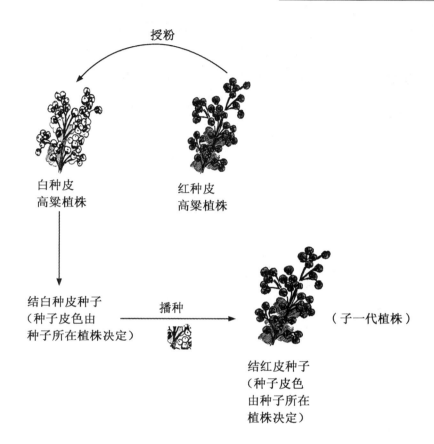

图 D12-1　白种子种出红高粱

我们应当知道,这里所说的红粒或白粒,实际上是指种子的皮色,而种皮是母体组织演变出来的,所以皮色是由母本植株的基因型决定的。

那么,为什么那块高粱丰产田收获的籽粒却是红色的呢?这就和制种田父本的红粒有关系了。这是因为,父本花粉里的精子带有红皮基因,它和母本卵细胞里的白皮基因结合,所形成的胚是红、白皮基因的杂合体。也就是说,它在某一对染色体上,存在着等位的一个红皮基因和一个白皮基因,用来播种丰产田的种子,正是包含着这种胚的种子。换句话说,由于丰产田播种用的种子是红、白皮基因的杂合体,因此它所长成的植株自然也是红、白皮基因的杂合体;又由于红皮对白皮是显性,所以不难理解,这个杂合植株所结的籽粒表现为红色种皮。

✳ D13 红高粱的后代都是红的吗

——等位基因的分离和重组七

生产实践已经证明，用杂交高粱××5号的白色种子，能种出红高粱。那么，这样得到的红高粱，后代还都是红的吗？

我们不妨设想一下，从这杂交的红高粱中挑选一批特别饱满的种子，播种到地里，那结果将会是怎样的呢？能不能获得同样丰产的红高粱？倘若你去咨询育种家或者种子公司的话，他们就会告诉你：杂交种只用一代，要是从这一代植株留种的话，地里就会长出五花八门、七高八低的高粱来，不但不丰产，而且会同时出现结红高粱的植株和结白高粱的植株。

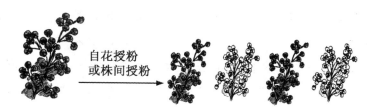

自花授粉或株间授粉

杂交高粱子一代植株（红皮基因和白皮基因同在，但红对白表现显性）

后代植株：红皮株和白皮株同在。因为红皮基因和白皮基因分离到不同的性细胞里，雌雄性细胞随机结合的结果，有的植株只得到红皮基因，有的植株只得到白皮基因，有的植株兼而有之。

图 D13-1　杂种红高粱后代表现性状分离

为什么这块地会同时出现红高粱和白高粱呢？让我们首先分析杂

交高粱的基因组成。杂交高粱是杂种，控制籽粒皮色的一对基因中，有一个是红皮基因 A，另一个是白皮基因 a。这一对基因在植株的性成熟时期分离，分配到不同的精子里，因此半数精子带有红皮基因 A，另外半数带有白皮基因 a。同样的道理，半数卵细胞带有红皮基因 A，另外半数带有白皮基因 a。在受精过程中，这些精子和卵细胞随机结合所形成的受精卵，就会有大约 1/4 含有一对红皮基因 AA，它们发育成为植株之后，结出的籽粒表现红皮；大约 1/2 的受精卵含有红、白皮基因各一个，也就是 Aa，它们发育成为植株之后，因为红皮对白皮显性，所以结出的籽粒也表现红皮；另外大约 1/4 的受精卵含有一对白皮基因 aa，它们发育成为植株之后，结出的籽粒表现白皮。因此，这时地里就会同时存在红高粱植株和白高粱植株。这种现象叫作性状分离，它是杂种生物体的一对基因发生分离和重新组合的结果。其中，分离发生在精子和卵细胞形成过程中，重新组合则最终落实在后代植株身上。

以上讲的一对基因分离和重新组合，就是遗传学家孟德尔发现的分离规律。不过，孟德尔当时采用的实验材料是豌豆。他的豌豆杂交试验结果发表时，并没有引起科学界的重视，直到他逝世以后 16 年，这个分离规律，以及他同时发现的自由组合规律，才被另外三位科学家重新发现。那三位科学家分别属于三个不同的国家，他们各自采用不同的植物进行杂交试验，都得到了和孟德尔相同的结果。他们在尘封的图书资料室查找前人相关研究资料的时候，发现了孟德尔的论文。那时是 1900 年，所以这一年就被科学界公认为遗传学正式创立的一年，与此同时，孟德尔也被公认为遗传学的奠基人。

✳ D14　骡子只能用一代，
杂交种子年年买
——等位基因的分离和重组八

亲身经历过近亲结婚错误和苦恼的达尔文，后来经过对植物繁殖过程的研究，终于提出了"远交有利，近交有害"的科学观点，指出了近亲繁殖对于生物本身的害处和远缘交配对生物本身的好处。我们现在也能够根据这个原理，让动物和植物更好地为我们所利用。

动物方面，例如经过多代人工近亲繁殖的猪，体型显著变小然而五脏俱全，可以直接作为实验动物使用又节约饲料。如果对亲缘关系很远的两类猪各自进行近亲繁殖，使得它们的后代分别具有近于纯合的基因型，然后在这两类后代之间交配，则有可能因为"远缘交配"而得到性状优良而整齐的杂种一代猪。这种猪只能养一代，可宰也可卖，但是不能指望它会生出和它一模一样的一群肥猪来。

世界上关于动物杂种优势利用的最早记载，是我国 1 500 多年前北魏时期的公驴配母马得到骡子。驴和马分别属于两个不同物种，它们交配所生的骡子形体健壮、不易患病、力气大、耐力强，并且能耐粗饲易喂养，表现出超越双亲的强大优势。然而骡子不育，它的细胞核里有 63 条染色体，不能配对形成有效的生殖细胞，想再要骡子的话还得再找公驴和母马配种去。

植物方面以玉米为例。目前玉米育种多利用杂种优势。具体地说，育种家首先选亲缘关系很远的两个玉米品种，分别自花授粉和选择若干

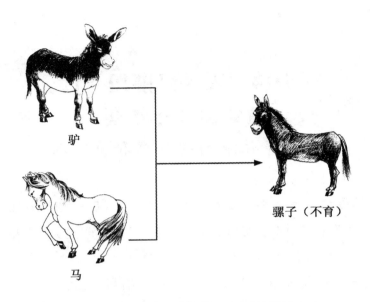

图 D14-1　农用动物的杂种优势

代,所形成的后代群体分别称为"自交系甲"和"自交系乙"。这些自交系分别表现植株矮、叶片细、果穗短、籽粒小等。如将自交系甲和自交系乙杂交,所产生的种子就称为"杂交种子",杂交种子播种下去长出的植株就会表现高大、枝繁叶茂、果穗粗长、籽粒饱满。农民年年向种子公司购买的玉米种子就是这类"杂交种子"。为什么要年年购买杂交种子呢?因为杂交种子只能利用一代,如果硬要从这代植株上留种,后代就会出现"分离现象",产量、品质、抗逆性等都显著下降。

　　目前蔬菜生产上也有利用杂种一代的。育种家首先选用亲缘关系很远的两个品种,连续多代自花授粉和选择,育成 A、B 两个自交系。然后将 A、B 杂交,获得杂种一代高产、优质、抗逆的优势。但是,十字花科蔬菜(如甘蓝、大白菜等)自花授粉是不结实的,又怎么能育成自交系呢?原来,它们自交不结实的特性发生在开花期,科技人员提前在蕾期剥开

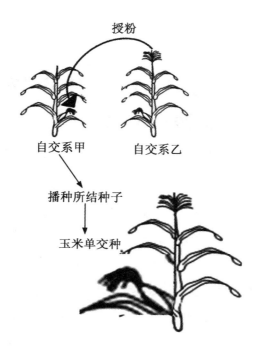

图 D14-2　玉米的杂种优势

花蕾进行人工强制自花授粉是能够结实的。这样,就照例能获得自交系。将 A、B 两个自交系杂交,它们就可以靠天然授粉获得杂交种子了,不必靠人工除掉母本的雄蕊。这些植物因为雌雄同花,花器又小,大面积人工去雄是不现实的。正因为这些蔬菜的自交系在两亲本进行杂交时兼有自花授粉不会结实的特性,所以又特称为"自交不亲和系"。

✳ D15 父母血型 A 和 B,能否生出血型 O 的孩子
——等位基因的分离和重组九

许多人都知道子女的血型同父母的血型有关系,但是不太清楚它们之间的具体规律,甚至误认为,子女的血型只能和父亲的相同,或者和母亲的相同,两者必居其一。如果都不相同,就会觉得不可思议。例如,早知道某一对夫妻的血型分别是 A 型和 B 型,现在有个儿子的血型被鉴定为 O 型,就会有人觉得很诧异,从而猜疑这儿子是不是抱养的、被调包的、前妻或前夫的,或者是私生的。甚至可能还会据此假想出一部电视剧来描述这孩子产生的过程。

其实,如果一对父母分别具有 A 型血和 B 型血,生出一个具有 O 型血的孩子,不论是男孩还是女孩,都是很正常的。这恰恰说明,父母双方在 ABO 血型上都是杂合体,说得粗俗些就是"杂种"A 型和"杂种"B 型。具体地分析,就是父亲 A 血型的基因组成是 $I^A i$,母亲是 $I^B i$,都不是"纯种"。要是"纯种"的话,应当分别是纯合的 $I^A I^A$ 和 $I^B I^B$。

表 D15-1 血型 A 和 B 的父母,其子女的可能血型

母亲血型	父亲血型			
	$I^A I^A$	$I^A i$		
$I^B I^B$	$I^A I^B$ AB 血型	$I^A I^B$ $I^B i$ AB 血型、B 血型		
$I^B i$	$I^A I^B$ $I^A i$ AB 血型 A 血型	$I^A I^B$ $I^A i$ $I^B i$ ii AB 血型 A 血型 B 血型 O 血型		

　　由于以上父母的血型具有那种杂合的基因组成，所以父亲的精子携带的基因有两种可能，其中一种是 I^A，另一种是 i。而母亲的卵子呢，其中一种是 I^B，另一种是 i。那么，他和她之间结合形成的受精卵，血型的基因组成就存在 4 种可能性：一是 I^AI^B，二是 I^Ai，三是 I^Bi，四是 ii，这里依次表现为 AB 型血，A 型血，B 型血，O 型血。这 4 种血型出现的可能性都是 1/4。换句话说，这一对父母生下的子女，出现这 4 种血型的任何一种，都是很正常的。

　　可话又说回来，这不等于是任何血型的父母都能够生出任何血型的子女。例如，父母都是 O 型血的情况下，就不可能生出 O 型以外血型的子女，而只能生出 O 型血的后代。这是因为，父母双方血型的基因组成都是 ii，所以所有精子和卵子都只携带 i 基因，结合的结果，受精卵的血型基因组成只能是 ii，只会发育成血型 O 的子女。

　　总之，父母和子女之间的血型是否正常，应当根据基因分离和重组的规律来判断。父亲、母亲各自形成生殖细胞的时候，ABO 血型基因发生分离，分别进入精细胞或卵细胞；精子和卵子结合的时候，ABO 血型基因组合在受精卵里。

❋ D16 假如爱因斯坦与女秘书结婚
——等位基因的分离和重组十

据传,爱因斯坦的女秘书曾向爱因斯坦求婚:"亲爱的,你很聪明、我很漂亮,咱俩结婚就会生下既聪明又漂亮的孩子。"爱因斯坦听了沉思半天,终于回答说:"亲爱的,不行啊,我很丑、你很笨,生下的将会是又丑又笨的孩子"。朋友们,你们说,他们要是结婚,将会生下什么样的孩子呢? 也许下面将要讨论的实际问题会有助于大家得出正确的结论。

例如,我们喜欢食用紫糯米,期望能有紫色的糯性水稻品种,然而当下又只有紫色、粉质的品种和白色、糯性的品种,那么,育种家能不能利用现有的这两个品种进行杂交,期望得到紫色、糯性的水稻品种呢? 实践证明这类做法是可行的。

育种家通过以上杂交得到的种子和它随后长成的植株,都叫作子一代。实验结果表明,这子一代种子表现为紫色、粉质,所以我们知道紫色对白色是显性,粉质对糯性是显性。

接着,育种家让子一代植株自交,也就是自己给自己授粉,产生的种子属于子二代。结果这个子二代的籽粒出现4种不同的表现型:紫色、粉质的,紫色、糯性的,白色、粉质的,以及白色、糯性的,其中就有我们期望的紫色糯性籽粒。接着,育种家会从子二代的群体里,专门选择紫色、糯性的籽粒,继续把实验做下去,直到选育出新品种。 由此可见,两对基因的自由组合使得育种家能够采用优缺点互补的不同亲本杂交,在它们的后代中选到兼有两种期望性状的新品种。

育种家选育新品种所依据的上述理论,就叫作自由组合规律或者独立分配规律。这是遗传学家孟德尔发现的第二个遗传基本规律。

也许有人会问:"获得兼有两亲优点的后代果真这么简单吗?为什么我不能兼有我父母亲身上各自的优点呢?我父亲大眼睛、塌鼻梁,我母亲小眼睛、高鼻梁,可是生下的我却偏偏是个小眼睛、塌鼻梁的丑小子呢?"啊,这正是爱因斯坦当年担心的后果!你想知道原因吗?别着急,且听我慢慢道来。这是因为:人类夫妻生下的是独生子女或者为数不算多的几个子女,群体很小,理论上有机会形成的理想组合(大眼睛、高鼻梁)未必出现。哪个家庭都不可能像种植一亩几分地庄稼那样,生下一大堆婴儿,也不可能像育种家在大群体里选择优良植株那样,把不理想的个体狠心地加以淘汰。

刚才举的选育紫糯米的例子里,育种家还是比较幸运的,因为决定那两对性状的基因,分别位于两对不同的染色体上,能够自由组合,所以成功的机会比较大。但是,生物细胞核里的染色体数目有限,而基因的数目却很多,所以实际上有很多对基因挤在同一对染色体上,我们把这种现象叫作连锁。连锁基因重新组合的机会比较少,例如,育种家选用一个抗杆锈病(但是不抗散黑穗病)的品种,和一个抗散黑穗病(但是不抗杆锈病)的品种杂交时,在后代出现兼抗这两种病的植株的可能性很小,通常在种植面积比较大、株数比较多的情况下才能选到。

育种家选育新品种所依据的以上理论,就叫作连锁遗传规律,它是遗传学家摩尔根通过果蝇的杂交试验发现的。它和孟德尔的分离规律、自由组合规律,合称为遗传的三个基本规律。

❋ D17　突变造就色彩斑斓的大千世界
——基因突变与生物多样性

　　我们所熟悉的生物变异类型很多。例如有的兔子因为皮下脂肪白色所以表现为白兔,而有的兔子因为皮下脂肪黄色而表现为黄兔。现在知道,兔子的皮下脂肪颜色是基因控制的,决定白色的基因叫作 Y 基因,决定黄色的基因叫做 y 基因。Y 基因能表达黄色素分解酶,把兔子食用的绿色植物中的黄色素分解掉,所以脂肪表现白色。y 基因不表达这种酶,所以脂肪表现黄色。在杂合的情况下,即基因型是 Yy 的时候,Y 对 y 是显性,兔子表现白色。

　　再例如,玉米籽粒有粉质的和糯质的。粉质玉米主要含直链淀粉,容易消化,但是吃了不经饿,它在玉米胚乳细胞里的合成由显性基因Wx 控制。糯质玉米主要含支链淀粉,相对不容易消化,吃了比较经饿,它在玉米胚乳细胞里的合成由隐性基因 wx 控制。在杂合的情况下,即基因型是 Wxwx 的时候,籽粒表现粉质。

　　又例如我们人类在输血时通常考虑的 4 种血型:O、A、B 和 AB。怎样鉴别这 4 种血型呢? 我们可以使用 A 血清和 B 血清,简便地检查出自己的血型。将血液分别滴在这两种血清里都不发生凝聚的,是 O 型血;滴在这两种血清里都发生凝聚的是 AB 型血;只在 B 血清里凝聚的是 A 型血;只在 A 血清里凝聚的是 B 型血。这就是以上 4 种血型的表现型。它们一共存在由 3 种基因(I^A,I^B 和 i)构成的 6 种基因型。其中,O 型血的基因型是纯合的 ii ,A 型血的基因型是纯合的 $I^A I^A$ 或杂合的

$I^A i$；B 型血是纯合的 $I^B I^B$ 或杂合的 $I^B i$，AB 型血是杂合的 $I^A I^B$。

以上所举的例子，兔子的白与黄，玉米的粉与糯，人类血型的 O、A、B 和 AB，这些不同类型的存在，都是生物进化历史中基因突变的结果。根据对小麦、大麦、黑麦、燕麦、高粱、玉米、水稻等作物的调查，发现仅仅这几种作物的籽粒就存在白、红、绿、紫、黑等不同颜色，圆形、长形等不同形状，玻璃质、粉质、蜡质等不同品质。蔬菜、瓜果、花卉的色、香、味、形更是不胜枚举。这些基因突变形成的不同突变类型之间再杂交，就使得生物界更加色彩斑斓、丰富多彩了，但是基因突变终究是生物多样性的最根本来源。

实际上，科学家不但研究了突变的意义，还研究了导致突变的物质和对这些物质的利用。例如，伽马射线在 20 世纪常用于诱发植物变异，用这种方法筛选出了不少新品种。若干年前，我国的航天育种研究项目还曾利用太空的宇宙射线和航天器的失重状态诱发荷花、青椒、紫花苜蓿等植物的变异，育成了若干新品种。又例如，紫外线因为具有诱发 DNA 结构改变而导致细胞或微生物死亡的作用，而经常用于医院或实验室的灭菌、消毒。所以，在需要进行无菌操作的实验室，以及医院的手术室和病房，一般都安装了紫外灯，用于定时、定期消毒。

✳ D18　黄种人为什么比白种人容易醉酒
——突变的多态性一

大家都知道，一般健康人适量饮酒对身体有好处；但是过度饮酒会伤身，并且容易在喝酒当时就发生醉酒。醉酒者开始大多面红耳赤、眼部充血、皮温升高、心率加快，觉得全身飘飘然，有的人话变多，逢人就笑脸相迎，称兄道弟。接着喝，就逐渐表现为语无伦次、高谈阔论，并且不听劝告，自信"我没醉"、拍着胸脯喊着"一桶白酒小意思！"继续猛喝，终于意识朦胧，不知所云，步态蹒跚，面色苍白乃至昏迷瘫倒。这就是曾有的相声节目里说的酗酒"四部曲"——开始醉的时候是"甜言蜜语"，发展下去上升为"豪言壮语"、"胡言乱语"，到最后就走向反面，变成"不言不语"了。

为什么喝多了容易醉酒呢？这是因为，酒的有效成分是乙醇（即酒精），人体喝入的酒精会经过胃壁进入周围的微循环，通过血液运输到肝脏。肝脏是体内唯一代谢酒精的脏器，酒精首先被转化为乙醛，接着进一步转化为乙酸。当酒精摄入量过多时，肝脏里的很多乙醛来不及转化为乙酸，这些乙醛就会刺激肾上腺素、去甲肾上腺素的分泌，扰乱中枢神经的（尤其小脑的）调节功能，同时也损伤肝细胞，从而引起和加重醉酒的种种症状。

这种酒精中毒的症状在我们黄种人身上尤其表现得更多、更明显。为什么呢？这和人体基因表达的几种解酒酶的作用有着密切的关系，其中有 ADH 酶、ALDH 酶 1 和 ALDH 酶 2。

原来，通过饮酒进入肝脏的酒精，在 ADH 酶作用下生成乙醛，乙醛

甜言蜜语→豪言壮语→胡言乱语→不言不语

图 D18-1　酗酒失态四部曲

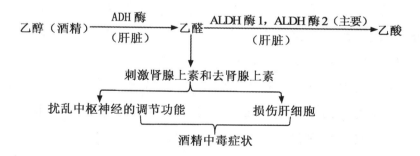

注:1 大多数黄种人的 ADH 酶基因活性比白种人的高得多。

注:2 大多数黄种人的 ALDH 酶 2 基因是变异的基因,其表达产物不具有分解乙醛的功能。

图 D18-2　黄种人比白种人更易醉酒的原因

刺激肾上腺素、去甲肾上腺素的分泌，从而引起那些醉酒的症状。经过研究，现在知道，表达以上那些酶的基因在不同人群之间存在差异，也就是那些酶基因的 DNA 化学结构存在一些差别。具体地说，大多数黄种人的 ADH 酶基因表达产生的是非典型的 ADH 酶，它的活性比一般白种人的 ADH 酶要高得多，所以形成乙醛的速度比白种人要快得多。

接着，所生成的乙醛需要在 ALDH 酶 1 和 ALDH 酶 2 作用下，才能分解为乙酸，但主要靠其中的 ALDH 酶 2，而多数黄种人的 ALDH 酶 2 是变异的基因所表达的，它不具有分解乙醛的功能，所以乙醛的积累要比白种人快得多。

总而言之，黄种人饮酒之后乙醛积累快、分解慢，因此不难理解，为什么黄种人比白种人更容易发生醉酒。据调查统计，黄种人有 85% 是酒精敏感者，而白种人只有 15% 是酒精敏感者。

由此可见，我们黄种人一般比白种人更需要"限酒"，也就是更需要控制自己的酒量。一旦有人醉酒，也更需要懂得怎样有效地解酒，以下是其中几种可供借鉴的解酒方法。一是喝淡茶，因为茶叶中的茶多酚有一定的保肝作用；但是不宜喝浓茶，因为浓茶中的茶碱可使血管收缩，血压上升，反而会加剧头疼。二是喝一些果汁，因为水果和果汁中的酸性成分可以中和酒精。三是喝点蜂蜜水，因为蜂蜜中含有一种特殊的果糖，可以促进酒精的分解，减轻头痛症状。四是喝番茄汁，因为它也富含特殊果糖，能促进酒精分解。五是吃新鲜葡萄，因为它含有丰富的酒石酸，能与酒精相互作用形成酯类物质，降低体内酒精浓度。六是喝西瓜汁，因为它能清热祛火，帮助全身降温，又能加速酒精随尿液排出，因而俗称"天生的白虎汤"（中医经典名方）。七是吃柚子，将柚子肉切成丁、蘸白糖，既能解酒，又能消除口腔中的酒气和臭气。八是吃香蕉，因为它能增加血糖浓度，使酒精在血液中的浓度降低。

❋ D19　为什么有许多人不适宜喝牛奶

——突变的多态性二

有不少人饮用大量乳制品之后,肠腔里的水分和气体增多,发生潴留和肠膜受损,从而引起胀气、排气、腹痛甚至腹泻。其直接原因是小肠不能将乳糖有效地分解为人体可吸收的葡萄糖和半乳糖,因而乳糖大量堆积,并且直接进入大肠,刺激大肠蠕动加快,同时又被肠内的细菌分解为多种有机酸和甲烷、氢气、二氧化碳等气体。这种症状叫作乳糖不耐受。

有调查资料表明,不同程度的乳糖不耐受,以及乳糖不耐受现象开始出现的年龄,都存在种族差别和区域性。认为北欧、澳洲和新西兰的人群中,乳糖不耐受的人群只占 10%,而中国汉族高达 92.3%,蒙古族 87.9%,哈萨克族 76.4%,东亚、东南亚 85%～100%。欧洲的后裔也远低于亚洲人和非洲人。另据报道,中国人乳糖不耐受现象往往从七八岁就开始出现,而欧美人通常 20 岁左右才开始。

但是,也有学者认为,对不同区域、不同种族分别调查使用的未必是统一的标准,抽样的群体规模也不尽相同,因而所得统计数据未必具有可比性。

我们在这里更需要关注的是:为什么有的人的肠腔里会发生乳糖大量堆积? 目前已经知道,这是小肠里缺乏乳糖酶造成的。根据 21 世纪科学家的研究,乳糖酶的缺乏和乳糖酶基因的突变有关。他们发现,表达乳糖酶的基因和调控该基因表达的 DNA 片段(统称调控基因)都存在突变位点;并且证实,其中一部分突变和乳糖酶基因活性的持久性相关,不同人之间存在不同的变异,其中,有的变异能增强乳糖酶基因的活性,有的变异能消减乳糖酶基因的活性。也就是说,人与人之间,乳糖酶基因和它附近的调控基因,有可能存在分子结构上的差异,因而对乳糖耐受的程度和持久的年限可以是不相同的。

关于乳糖酶基因活性的持久年限,举证来说,通常都靠母乳喂养的初生婴儿,一般都不会发生乳糖不耐受,然而在若干年之后,人与人之间就出现乳糖耐受性的差别了,有的人小小年纪就开始怕喝牛奶,有的人在成年很久之后才怕喝牛奶。这就是因为各人的乳糖酶基因活性的持久年限不相同。

可喜的是,目前已经有了针对乳糖酶缺乏,减轻或避免乳糖不耐受反应的几种对策。一是少量多次摄入乳制品,一次食用量不超过250毫升为宜。二是避免空腹饮用乳制品,而是在进食肉类或含脂肪的其它食物的同时食用。三是用酸奶代替鲜奶,因为酸奶加工过程中有20%至30%的乳糖被降解,易于消化吸收。四是以羊奶代替牛奶,因为羊奶乳糖含量较牛奶低,而且含有丰富的ATP(三磷酸腺苷)成分,可促进乳糖分解并转化利用。五是使用大豆为基础的配方奶粉,这类奶粉用葡萄糖代替了乳糖,但它的营养成分有所欠缺。六是给具有乳糖不耐受症的人从体外输入乳糖酶制剂,帮助他们增强对乳糖的消化和吸收。

此外,我们还应当在这里将乳糖不耐受与牛奶过敏症加以区别。乳糖不耐受症主要表现为上腹部紧张、疼痛、呕吐、腹泻等胃肠道症状;而牛奶蛋白引起的过敏是一种变态反应,常见症状首先是皮疹、湿疹,接着也有腹痛、腹泻等胃肠道反应。牛奶中的某些蛋白质如 α-S1 酪蛋白和 β-乳球蛋白是目前公认的过敏源。在正常情况下,这两种蛋白质能被人体消化吸收,但如果人体的消化能力不足,这两种蛋白质就会以未被消化的形式进入人体,引起过敏反应。一般而言,婴儿 0～6 个月是最敏感的时期,两岁以后,随着消化能力的提高和免疫功能的增强,大部分小朋友不再对牛奶过敏。由于羊奶的 α-S1 酪蛋白和 β-乳球蛋白含量很低,所以改喂羊奶可以解除牛奶蛋白引起的大部分过敏症。

✳ D20 "左撇子"和"右撇子"
——遗传与环境

人类是唯一具有强烈右手倾向的物种,有报道认为,约有90％的人惯用右手,另外10％惯用左手。后者因为比较少见,所以往往被称为"左撇子"。科学家认为,用手习惯受到基因、环境与文化因素的共同影响。不久前的研究发现,一个叫作PCSK6的基因与人类用手习惯"强烈相关",这个基因涉及胚胎发育时左右部分的生长。小鼠实验发现,PCSK6受到干扰后,会出现左右不对称的缺陷问题,导致器官位置不同于寻常,比如心、胃生在右边,而肝脏生在左边等。目前,科学家还对惯用手的相关基因继续进行研究。

据研究,惯用左手对惯用右手是显性。但是我们在国内人群中遇到惯用左手的人并不多,这是因为,在人的群体中,惯用左手的显性基因的频率远远低于惯用右手的隐性基因的频率,导致显性性状反而少于隐性性状。又有资料表明,如果父母都惯用左手,那么子女出现惯用左手的概率高达50％以上。但是,父母有一方惯用左手,子女出现惯用左手的概率只有17％。这个调查结果和按照孟德尔规律的计算结果不一致,例如双亲有一方惯用左手时,双亲AA×aa的下一代是Aa,双亲Aa×aa的下一代是Aa和aa,所以理论上子女惯用左手的概率至少有50％。之所以出现这种不一致性,至少是因为被调查的人群并不是无限大的群体,所以在婚配时,父母一方aa的性细胞a,与另一方的性细胞A和a相遇的机会未必相等。在小群体里,一对基因不能随机组合(即不能以同等机会结合)的这种现象,群体遗传学上就叫作遗传漂移。

据专家介绍,人的大脑分为左半球和右半球,左半球是管人体的右半边的一切活动的,左脑具有语言、概念、数字、分析、逻辑推理等功能,属于"理性半球";右半球是管人体的左半边的一切活动的,右脑具有音乐、绘画、空间几何、想象、综合等功能,属于"艺术半球"。如果一个人左大脑占优势,一般多用右手,就是右利手或叫作"右撇子";如果右大脑占优势,一般就是左利手或叫作"左撇子"。当然,哪侧大脑占优势、惯常使用哪只手,很大程度上是由遗传因素决定的。

然而,在东方,手的两项最主要动作——使用筷子和握笔写字,对于天生惯用左手的人,前者多在儿时已在家中被强行扳过来,而后者又往往在初等学校被强行"纠正"。相反的是在美国,有人估计大概有40%的人是左撇子,因为美国人并不觉得左撇子有什么特别之处,而是把它当作一种正常现象。有人认为,对左撇子孩子进行改造,就是迫使他们的行为和天赋错位,是对他们天性的一种扭曲,"是让这个孩子用右撇子的方式操纵着这个世界,但却用左撇子的方式感受着这个世界"。尤其是当这种扭曲涉及书写之类的复杂活动的时候,"有可能会导致严重的后果,脑子的完美组织将会被带入完全混乱的状态"。

有趣的是,1975年8月13日,美国堪萨斯州托佩卡市的一群左撇子建立了名叫《左撇子国际》的组织。后来在英国还设立了"国际左撇子日"专门网站,他们普及左撇子知识,报道世界各地左撇子的庆祝活动,唤起全社会对左撇子问题的关注,提醒人们在一个以右撇子为主的社会中改进产品的设计,更多考虑左撇子的方便与安全,消除对左撇子的偏见。

✳ D21　高矮胖瘦谁主宰

——数量性状的遗传

在成年人的群体里,正常身高可以有 1.3 米的到 2.0 米的,体重可以有 45 ~90 千克的,从低到高表现连续性变化,高矮胖瘦没有像人类血型、水果皮色那样具有明确的界限。遗传学上将血型这类性状称为质量性状,而将身高体重这类性状叫作数量性状。身高体重的差别,除了遗传因素之外,还有运动和营养状况对遗传因素表现程度的影响。这些环境因素并不改变基因的结构,但是它们能够影响基因表达的过程,从而影响性状的表现。

那么,某个人群的的身高体重,在多大程度上取决于遗传因素,在多大程度上取决于环境影响呢? 这类研究采用的重要指标之一是"遗传率",它的含义是遗传因素在性状表现当中的贡献率。遗传率高说明遗传因素在其中的作用大,遗传率低说明遗传因素在其中的作用小。

关于人类身高的遗传率,根据许多学者研究,不同人群中身高的遗传率在 55％～90％ 范围内波动,其中以 75％～80％ 居多,存在种族、民族和地域的差异。另一些研究表明,遗传因素对男性身高的影响是82％,而对女性身高的影响是 67％,看来女性身高受环境影响相对比较大。 总的来说,以上提到的遗传率数字表明,身高多半受先天遗传因素的制约,但是后天生活环境的影响也很值得重视,特别是对于女性。

据报道,科学家目前已经发现人类染色体上分布着 180 个与身高有关的 DNA 区域(基因),其中有几个基因可能是通过控制激素的释放和骨骼的生长而影响身高的。 我们相信,人类身高遗传机制的进一步阐明，将会对运动员选材和个体身高预测等产生深远影响。就我国目前的实际情况来说，一般认为成长中的男女少年儿童，标准身高如下表所示。

表 D21-1　中国男女少年儿童标准身高（2015 年公布）　　　　　cm

年龄	男孩身高	女孩身高
3	100.2	99.1
4	104.9	104.2
5	111.4	110.5
6	118.8	116.5
7	124.9	123.8
8	129.5	128.7
9	135.6	134.4
10	143.9	143.5
11	148.9	150.2
12	153.8	157.0
13	162.2	160.6
14	170.8	162.6
15	173.4	164.3
16	174.8	164.4
17	175.5	164.7
18	175.7	164.8
19	176.2	165.2
20	176.6	165.3

关于人类体重，总的说来，它的遗传率比身高的遗传率低得多。换句话说，体重受环境影响比身高受环境的影响要大，影响体重的环境因素也比较复杂，人为控制体重的空间相当大，其中包括调节饮食和体育锻炼。由于实际体重存在身高的因素，所以世界卫生组织主张以体重指数（BMI）评价体重。体重指数的内涵是一定身高条件下的体重，其计算公式为：BMI＝ 实际体重（kg）/实际身高的平方（cm^2）。以下是我国男女少年儿童体重参考标准。

表 D21-2　中国男女少年儿童体重指数参考标准　　　　　　　　　　kg/cm²

年龄	男性		女性	
	超重 BMI≥	肥胖 BMI≥	超重 BMI≥	肥胖 BMI≥
7～	17.4	19.2	17.2	18.9
8～	18.1	20.3	18.1	19.9
9～	18.9	21.4	19.0	21.0
10～	19.6	22.5	20.0	22.1
11～	20.3	23.6	21.1	23.3
12～	21.0	24.7	21.9	24.5
13～	21.9	25.7	22.6	25.6
14～	22.6	26.4	23.0	26.3
15～	23.1	26.9	23.4	26.9
16～	23.5	27.4	23.7	27.4
17～	23.8	27.8	23.8	27.7
18～	24.0	28.0	24.0	28.0

就控制体重的遗传因素来说，人们比较关注的是导致肥胖的基因。近几年来科学家陆续发现了若干与肥胖有关的基因。

其中有 OB 基因，在脂肪组织中表达，其表达的蛋白质产物称为"瘦素"，能和另外几个基因协同作用，产生调节食欲的生理效应，其结果是由于食量能够随时适当调整而使体重稳定在合理的范围内。但是这种 OB 基因发生突变的人，食欲的正常调节过程被打破，容易造成食量过大，从而引起肥胖。

还有一种基因 FTO，也在食欲控制中扮演重要角色。当它发生突变时，能通过抑制新陈代谢减低能量消耗效率，使得剩余的能量以脂肪等形式储存在人体内而导致肥胖。如果这个人的一对 FTO 基因都发生突变，那么他肥胖的概率会比那些具有一对正常 FTO 基因的人高出

70%之多。如果一对FTO基因中只有一个发生了突变,那么与正常人相比的话,肥胖的概率也要高出30%。同时又发现,运动量少而且携带FTO突变基因的人超重或肥胖的可能性大大增加;相反,在积极进行体育锻炼的人群当中,FTO基因突变对体重没有影响。

此外还有2012年2月才公布的"防止肥胖基因"GPR120。研究者用脂肪比例达到60%的高脂肪食物喂养上述基因异常的变异小鼠16周后,体重增加了15%,而作为对照的基因正常小鼠的体重增加不到4%。又根据对英、法等欧洲国家经常进食高脂肪食物的人群的调查,肥胖者当中,GPR120基因发生突变的占2.4%;而健康者当中,GPR120基因发生突变的只占1.3%。以上实验和调查结果都说明了GPR120基因防止肥胖的作用。

✳ D22　抗生素和农药为什么会失灵
——群体的遗传平衡一

　　我们时而能听到一些关于抗生素的议论,例如:"四环素原来对治疗我这种病很有效的,现在怎么不灵了?"这说明,一种抗生素用久了,病人体内的细菌往往出现对这种抗生素的耐药性,使得这种抗生素再也治不好这种病了。这是为什么呢?科学家认为,细菌的耐药性是自然选择的结果。也就是说,细菌群体里经常发生基因突变,其中也产生一些对四环素不敏感的细菌新类型。在大多数细菌被四环素消灭的同时,这些不怕四环素的细菌新类型就大量繁殖起来,在群体里占有优势。这时候,这个病人再使用四环素,就治不了那种病了。

　　通过四环素这个例子,我们会看到,细菌的群体里原来是对四环素敏感的细菌占优势,后来是对四环素不敏感的细菌占优势,一种类型变少了,另一种类型变多了,两种不同的细菌类型在群体里存在的比例发生了变化。用群体遗传学的术语来说,这就叫作群体里的基因型频率发生了变化。从基因种类的角度来看,就是细菌群体里怕抗生素的基因减少了。不同基因在群体里所占比例发生变化的这种现象,就叫作基因频率发生变化。

　　在农业生产上,也有类似的事例。例如,一种农药使用时间长了,有可能使害虫产生对这种农药的耐药性。这是因为害虫对农药的敏感性是基因决定的,一旦害虫群体里出现个别耐受这种农药的基因突变,那么,在大多数害虫被这种农药消灭的同时,这些突变的害虫就大量繁殖起来,在群体里占有优势,这时继续使用同一种农药的话,治虫效果就变得不好了。这也是因为群体里的基因频率发生了变化。

科学家经过进一步深入研究,发现细菌对抗生素敏感的基因(属于药敏基因)会发生突变。药敏基因 DNA 结构的这种变化,使抗生素找不到攻击细菌的薄弱环节。这种基因存在于细菌染色体以外的小型环状 DNA 上,这种小型环状 DNA 称为质粒。质粒可以经过复制分配给细菌分裂形成的下一代细菌;也可以复制后通过细菌之间的"接合"(细菌之间产生接合管),从一个细菌进入另一个细菌。因此,药敏基因突变的发生概率尽管很低,却也会因为细菌群体里经常发生细胞分裂增殖或者"接合"的现象,而导致群体里出现大量的药敏突变细菌。

此外,科学家发现,有的细菌获得了表达特殊酶的基因,这种酶可以分解抗生素,使抗生素失去攻击细菌的能力,这类基因就叫作抗药基因。当具有这种抗药基因的个别细菌混进来之后,也能够通过细胞分裂的方式产生抗药的后代细菌;或者通过"接合"的方式,将抗药基因传播给正常的细菌,结果是原来正常的细菌获得了对抗生素的抗性。于是,在抗生素存在的条件下,抗药细菌表现很强的竞争优势,在群体里迅速繁殖起来。刚才说到的"个别细菌混进来"的过程,群体遗传学上叫作"迁移"。

以上事例还说明,细菌耐药性或抗药性的发生,不论是由于突变还是迁移,其结果都是在抗生素的选择作用下,改变了细菌群体的基因频率和基因型频率。在这里,抗生素起的是对细菌类型的选择作用,而不是诱发突变的作用。这种选择作用,在生物进化史上也并不罕见。例如伦敦飞蛾体色随树皮颜色而变化,就是一个有名的实例。根据记载,伦敦的飞蛾有灰白色和黑色两大类。在英国工业革命之前,一般的树木,例如白杨类,树皮颜色比较清淡,飞蛾的颜色总体来说趋向灰白。工业革命之后空气污染,树皮变黑,多数飞蛾的颜色也跟着变成黑色的了。这是怎么回事呢?飞蛾的体色怎么会跟着树皮的颜色发生变化呢?经过仔细观察,发现这两类飞蛾同样栖息在灰白的树皮上的时候,黑蛾比

较容易被飞鸟发现和捕食，白蛾比较容易隐蔽而生存下来和繁殖下去，结果白蛾数目比黑蛾多。相反的是，工业革命之后树皮被工厂的滚滚浓烟熏黑了，白蛾就比较容易被发现和捕食，黑蛾比较容易隐蔽而生存和繁殖，结果黑蛾就占了大多数。再后来又观察到，当伦敦的空气因为环保而变得干净的时候，树皮恢复灰白色，于是白蛾的数目又再度增加了。通过这个历史事实，我们能看到，飞蛾体色的变化是两种飞蛾在不同环境下被飞鸟选择的结果。

❀ D23　向肠道里的细菌朋友们致敬

——群体的遗传平衡二

可别一听到"细菌"就只联想到敌人。其实，我们人类的肠道里就有不少细菌朋友。

例如，我们可以通过饮用含有有益细菌的酸奶，调整人类肠道的菌群。酸奶通常含有嗜热链球菌和保加利亚乳杆菌，虽然它们其实也存在于健康人体的肠道，但是肠道里同时又存在着各种有害的细菌，饮用这类酸奶就可以直接补充有益细菌，调整细菌不同种群之间的比例，使得有益细菌在肠道里占有优势。有些酸奶品种还添加了嗜酸乳杆菌和双歧乳杆菌，它们的代谢产物能够抑制腐败菌的繁殖。由此可见，提倡饮用酸奶绝不仅仅是为了解决部分人群不适宜喝牛奶的问题。

医药界还根据调整肠道菌群的原理，设计出了治疗腹泻和便秘的药物。据报道，该药物含有长型双歧杆菌、嗜酸乳杆菌和粪肠球菌，这三种有益菌能在肠道繁殖，并黏附定植于肠道黏膜，形成固有的膜菌群，产生微生物屏障作用，阻止致病菌在肠道定植；同时，有益菌也能分泌酸性代谢产物，抑制致病菌生长，从而改善腹痛、腹胀和腹泻的症状。另一方面，有益菌在肠道内产生大量醋酸、乳酸等有机酸，降低肠腔 pH（即增加肠腔的酸度），调节肠黏膜正常蠕动，中和大便碱性，使得大便软化，同时增加肠道的水分，从而取得治疗便秘的效果。此外，我们还应该懂得，可别过度服用或频繁更换抗生素，错杀了细菌朋友。例如，我们细胞里的维生素 K 是细菌帮助制造的，具有生成凝血因子的作用。虽然，相对于较低的维生素 K 生理需要量来说，正常饮食能提供足够的维生素 K，因而一般不会导致有临床意义的维生素 K 缺乏；并且大肠中的细菌可在食物中缺乏维生素 K 的情况下制造功能型维生素 K。然而,在抗生素治疗不当的情况下,肠道菌群被斩尽杀绝、断子绝孙,患者体内这种维生素 K 的来源就会消失,以致凝血酶原减少,凝血因子活性低下。所以,这种类型的维生素 K 缺乏症又叫作获得性凝血酶原减低症,通常在体内维生素 K 贮存量被耗竭后 1～3 周发生。这时患者往往在没有明确病因、病史情况下以出血症状去医院,结果容易发生误诊。特别令人担忧的是,其中又以血尿、深部肌肉及关节腔出血甚至内脏、颅内出血为首发症状,来势凶险。这里不妨添一句逆耳的忠言,要是把肠道里的什么细菌都消灭干净,"宁可错杀一千,不使一个漏网"的话,说不定哪天就会因为体内维生素 K 匮缺而"血尿成河"了。

✳ D24 病毒怎样延续生命
——RNA 的属性

你别看我们的细胞是多么"渺小",小到需要使用显微镜来观察。就我们能见到的生物体来说,它是生命的最小单位。制造我们身体各个"部件"的"伟大工程",所需要经历的化学反应,可都是在细胞里完成的。所以,对于绝大多数生物来说,没有细胞就没有生命。

然而,自然界却偏偏有几类病毒,自己没有细胞,就要来侵犯、占领和蚕食我们的细胞,甚至还有可能置我们于死地。虽然有一部分病毒也以 DNA 为遗传物质,但是另有一部分病毒并不具有 DNA,研究结果发现,它们的遗传物质是核糖核酸,简称 RNA。其实,RNA 和 DNA 都属于核酸。现在就让我们认识一下这些病毒的 RNA 具有什么样的本事,从而能够延续它们的生命,并且能够使出什么样的花招,用于破坏我们的细胞和机体。

研究发现,我们时有耳闻的一些病毒,例如小儿麻痹症病毒、流行性感冒病毒、禽流感病毒、非典(SARS)病毒等,都是以 RNA 为遗传物质的。但是,它们的 RNA 并不同我们一样以 DNA 为模板,"照葫芦画瓢"转录下来的;而是它们原有的 RNA 自我复制产生的。这些 RNA 的自我复制,需要有一种特殊的酶存在,这种酶就叫作 RNA 复制酶。RNA 复制酶属于蛋白质类,组成这种酶的不同"部件",一部分由病毒本身产生,这好比是正面进攻的侵略军,另一部分由宿主(即被病毒侵染的细胞)提供,这也许可以比作内奸,于是它们内外勾结,狼狈为奸。

研究还发现,肉瘤病毒和小鼠白血病毒,以及我们时有耳闻的艾滋病病毒(HIV)，虽然也以 RNA 为遗传物质，但是它们在侵入人体细胞或动物细胞的时候，能以病毒自身的 RNA 为模板合成 DNA，这过程叫作逆转录，需要逆转录酶的存在。这个过程就好比是按照现有图纸的内容来还原设计方案。这个通过"还原"产生的病毒 DNA，能插进人体细胞或动物细胞的染色体 DNA 当中，和人体细胞或动物细胞的染色体同步复制，并且分配到不断增殖的人体细胞或动物细胞中。然后，这个病毒 DNA 中的某些段落通过转录和翻译，产生能毒害人体细胞或动物细胞的蛋白质；另一些段落则只通过转录形成许多病毒 RNA，用来繁殖病毒本身。这就好比是前方入侵、后方抓壮丁继续扩充队伍，两者同时进行。

　　总之，这些病毒都以他人的细胞为栖身之地、饮食之源，同时又在极尽破坏他人生命之能事过程中繁衍自己的后代，延续自己家族的生命。近年来报道的埃博拉病毒、中东呼吸综合征冠状病毒，遗传物质都是 RNA，也都是人类的超级杀手。我们相信，科学家将会找出更加有效地对付它们的办法。

❋ D25 疯牛病之谜
——异常朊蛋白的由来

想必大家都听说过疯牛病这件事,并且一度很担心会通过牛肉传染到我们人类身上。现在已经查明,有一种异常蛋白质能够感染哺乳动物,使哺乳动物发生海绵状脑病,其中就有疯牛病,此外还有羊瘙痒症,人类的克雅氏症等。其中,患有疯牛病的多数病牛行为反常,烦躁不安,对声音和触摸,尤其是对头部触摸的反应过分敏感,步态不稳,经常乱踢以至摔倒、抽搐。羊瘙痒症主要症状是运动机能下降、步态不稳、蹭痒等。人类克雅氏病的症状包括睡眠紊乱、个性改变、共济失调、失语、视觉丧失、肌肉萎缩、肌肉阵挛、进行性痴呆等。以上说的动物和人类的海绵状脑病目前都还没有治疗方法,并且病畜、病人不久就会死亡。

这种致病的异常蛋白质在侵染动物的时候,按理需要不断合成蛋白质才能长驱直入动物体内,使动物产生症状乃至死亡。按照科学家的一般观点,在细胞里,蛋白质不能自己生成蛋白质,而是需要依赖 DNA 或 RNA 贮存的信息,也就是必须依赖它的生命密码,就好比有了设计方案或图纸才能制造出产品,而不能让一件产品自己生出相同的第二件产品。说白了,任何蛋白质的合成照例需要它的 DNA 或 RNA 作为模板;然而,科学家始终都没有找到这种异常蛋白质的 DNA 或 RNA。那么,是否这样就可以推测这种异常蛋白质能够例外地自我复制呢?这个问题曾经是科学界多年争论的一个谜,他们的研究工作近几年才取得了很大进展。

目前的研究结果表明,上面说的海绵状脑病是"朊病毒"(朊发音 ruan,与"软"同音)引起的。"朊病毒"不是通常意义上的病毒,它本身并不含有 DNA 或 RNA 这样一类遗传物质,本质上只是一种蛋白质,只因为它能抗蛋白酶而不会被降解,所以具有感染作用,能在动物体内长驱直入。这种"朊病毒"起源于动物正常的朊蛋白发生异常的折叠,蛋白质的氨基酸顺序并没有改变,只是蛋白质的立体结构同正常的朊蛋白不同。同时,它又在感染动物过程中不断促使动物的正常朊蛋白发生异常折叠,所以造成异常蛋白质自我复制的假象。至于正常朊蛋白怎么就会发生异常折叠的,目前科学家还在继续深入研究。

✳ D26 首例人造生命诞生了
——新的遗传学里程碑

"转基因"这个名词已经为大家所熟悉,也就是把来自某种生物的有用基因放到另一种生物当中,让后一种生物拥有更符合人类需要的生命密码。这种技术比起传统杂交来,更具有明确的目的性;比起诱发突变来,更具有预见性;比起远缘杂交来,更具有可靠性。因此,可以将它称为创造生物新类型方法的"升级版"。

在上述"转基因技术"被广泛应用之后,目前被竞相传播和备受关注的另一种新技术出现了,它叫作"基因编辑技术"。顾名思义,就是对生物原有基因的 DNA 序列,进行有目标的剪切、修饰、改造,以便获得更加符合人类愿望的性状。这种技术所应用的"工具"是某种特定的 RNA 片段。据 2016 年 6 月报道,我国新疆畜牧科学院已利用这种技术,在国际上首次获得不同毛色图案的细毛羊。

我们下面更进一步介绍的是人造生命,也就是从头设计更加符合人类需要的生命密码。

2010 年,美国科学家文特尔宣布,他们成功创造了第一个人造生命,起名"辛西娅",意思是"人造儿",这个"儿"的"父母"是计算机。科学家利用计算机设计出崭新的 DNA 片段,作为这个"儿"的生命密码。据报道,这个辛西娅的生命密码包含 850 个基因,它们是对某种支原体(比细菌还小而且没有细胞壁的微生物)的 DNA 分子结构进行"肢解"之后,按照科学家的设计重新排列得到的。以上 850 个新的基因作为一个基因组被包装在另一种支原体的外壳里,这另一种支原体原有的 DNA

已事先被掏空。目前可以看到,这种新产生的微生物由蓝色的细胞组成,已经在新组成的 DNA 的指挥下进行生长和分裂繁殖 10 亿次以上,一代又一代地延续着"人造生命"。

文特尔表示,"辛西娅其实是一个人工合成的基因组,是第一个人工合成的细胞,也是第一种以计算机为父母的、可以自我复制的生物。"许多科学家对这一成果给予了积极评价,例如有的研究人员表示,这是第一个完全由人造基因指令控制的细胞,它向人造生命形式迈出了关键一步。有的说,"生命在实验室诞生了,这项技术堪称足智多谋,功绩非凡,触摸了人类控制自然世界能力的界限。"有的说,"这些有可能变成现实的技术,一旦得到应用,前景将是巨大的。"

"人造生命"技术的诞生,意味着人类可以创造出携带人工设计的生命密码的生命体。例如,制造出可以产生清洁能源的细菌,或者可以从大气中吸收二氧化碳和其他污染物的细菌。它还可用于制造吸油的细菌,以此拯救受到海洋漏油危害的生物。此外,还可以用来生产诸如流感疫苗等有用的药物。

但是,"人造生命"技术的诞生也引发了不少担忧的声音。有学者指出,"这项成果破坏了人们有关生命属性的基本信念,而这种信念对如何看待人类、如何看待人类在宇宙中的位置都非常重要。"有的甚至发出警告说,"这是一个打开潘多拉盒的时刻。我们都将不得不应对这项令人害怕的实验所产生的副作用。"美国总统奥巴马则就这一成果表示,目前需要确定这类技术的合适的伦理界限,将其危害控制到最低程度。

✳ 附录 遗传学绪论

（说明：本书作者考虑到，会有部分读者对本书涉及的遗传学原理具有浓厚兴趣，因此附录本文，期望有助于了解遗传学的概貌。本文选自《遗传学》，李惟基主编，中国农业大学出版社 2007 年 7 月出版，普通高等教育十一五国家级规划教材）

一、遗传学的内容和研究方法

遗传学（genetics）这一学科名称是 Bateson（1909）首先提出来的。它的定义，见于国内外教材的至少有"研究遗传的科学""研究遗传和变异的科学""研究遗传和变异的规律的科学""研究遗传和变异的规律和机理的科学""研究基因的科学"和"研究生物学信息的科学"等。遗传学所涵盖的内容也随本学科新研究成果的出现而发展，按照内在的逻辑目前可大致归纳为：遗传的物质基础、遗传信息的贮存、遗传信息的传递、遗传信息的改变、遗传信息的表达调控以及遗传学原理的应用。

遗传学所阐述的"遗传的物质基础"，包括 DNA（或 RNA）作为遗传物质的实验证据；DNA（或 RNA）的自我复制、转录（或逆转录）和翻译等基本属性；以及上述基本属性在细胞分裂和世代交替过程中维系遗传特性的作用。

遗传学中的"遗传信息的储存"阐述基因和基因组的结构与功能，具体包括 DNA（或 RNA）通过碱基排列组合的变化储存千差万别遗传信息的一般原理；具有特定功能的基因中，编码序列和非编码序列的结构和功能；一种生物的基因组中，基因外 DNA 单一序列和重复序列的结构和功能。

遗传学中的"遗传信息的传递"首先阐述真核生物的细胞核基因在一定生活周期内发生复制、重组和分配，从而将亲代遗传信息传递到家族后代的过程和规律。然后分别阐述细胞质基因、原核生物基因、微效多基因以及家族群体条件下的基因传递规律。

遗传学中的"遗传信息的改变"分别阐述遗传信息发生改变的三种形式，即基因突变、染色体结构变异和染色体数目变异的发生机理和遗传效应。

遗传学所阐述的"遗传信息的表达调控"，其核心思想是基因的选择性表达决定原核生物的形态建成和功能发生，决定真核生物的细胞分化和个体发育。现有的主要内容有原核生物的各种调控模式，真核生物在 DNA 水平上、转录水平上和翻译水平上调控的实验证据等。

遗传学原理应用中的"遗传工程"包括细胞工程和基因工程。其中的细胞离体培养、原生质体融合、DNA 体外重组等实验技术，从不同角度体现了遗传学原理，同时又提供了新的遗传学研究手段。

遗传学研究的传统手段是杂交和细胞学观察，因而选择实验材料的主要考虑因素是生活周期短、繁殖系数高、体形小、染色体数目少而大等。哺乳动物中的小鼠，昆虫中的果蝇，显花植物中的玉米和拟南芥，真菌中的酵母和链孢霉，原核生物中的大肠杆菌和噬菌体等，因此成为遗传学常用的实验材料。在现代的遗传学研究中，还普遍采用了生物化学的方法，即分析生物材料的 DNA、RNA 的碱基组成，或蛋白质的氨基酸组成的方法；PCR、分子杂交等遗传工程常用的技术，也逐渐成为遗传学理论研究的有力工具。

二、遗传学的形成和发展

遗传学的形成和发展与人类的育种实践和生老病死息息相关。人类早在新石器时代就驯养动物和栽培植物,而后又逐渐学会了改良动、植物品种和繁育良种的方法。人们曾经试图在这些实践的基础上阐明生物亲代与杂交子代性状之间的遗传规律,但是长期未能实现。直到1866年奥地利学者 Mendel 根据 8 年豌豆杂交试验结果发表《植物杂交试验》的论文,揭示了现在称为孟德尔定律的遗传规律,才奠定了遗传学的基础。

Mendel 的工作到 20 世纪初叶才受到重视。这同 19 世纪末叶生物学取得的以下成就有关。一是 1875—1884 年间细胞学上的新发现,主要有 Flemming 和 Strasburger 分别在动物和植物中发现细胞的有丝分裂、减数分裂,以及染色体纵裂并在纵裂后趋向细胞两极的行为;Hertwig 和 Strasburger 分别发现动物和植物的受精现象;Beneden 观察到马蛔虫每一个体细胞含有等数的染色体。二是对遗传物质的认识从臆测趋向落实,Weismann(1883)将生物体分为体质和种质,认为种质可以影响体质,而体质不能影响种质,并指出生殖细胞的染色体便是种质。

Mendel 的工作在 1900 年为 de Vries、Correns、Tschermark 三位科学家所发现。此后的 10 年间,科学界陆续证实了豌豆、玉米、鸡、小鼠、豚鼠等生物某些性状的遗传符合孟德尔定律,并确立了"遗传因子"、"基因"、"基因型"、"表现型"、"等位基因"、"纯合体"、"杂合体"等遗传学基本概念。

1910 年以来,遗传学经历了三个发展时期:细胞遗传学时期、微生物遗传学时期和分子遗传学时期。这三个时期产生了多种遗传学分支学科,但以上三个遗传学分支学科分别在这三个时期起主导作用。

细胞遗传学时期大致是 1910—1940 年,即从 Morgan 发现果蝇的性连锁遗传(1910)开始,到 Beadle 和 Tatum 发表链孢霉营养缺陷型的研究结果(1941)为止。这个时期通过对遗传规律和染色体行为的研究,确立了遗传的染色体学说,其代表性论著是 Morgan 的《基因论》(1926)和 Darlington 的《细胞学的最新成就》(1932)。

微生物遗传学时期大致是 1940—1960 年,即从 Beadle 和 Tatum 发表链孢霉营养缺陷型的研究结果(1941)开始,到 Jacob 和 Monod 提出大肠杆菌的操纵子学说(1961)为止。这个时期以微生物为实验材料研究基因的原初作用、精细结构、化学本质、突变机制,以及细菌的基因重组和基因调控等,取得了以往在高等动、植物研究中难以取得的成果。

分子遗传学时期从 1953 年 Watson 和 Crick 提出 DNA 的双螺旋模型开始,直到现在。但 20 世纪 50 年代只在 DNA 的分子结构和复制方面取得成就,而遗传密码,以及 mRNA、tRNA、核糖体的功能等则几乎到 20 世纪 60 年代才得到初步阐明。20 世纪 70 年代以来,又陆续在基因和基因组的结构和功能,真核生物基因表达的调控,以及遗传工程的研究等方面取得了进展。

三、遗传学的理论意义和实践意义

遗传信息的传递决定生命的延续,遗传信息的选择性表达决定生命的表现,因此作为遗传信息载体的基因是生命过程的主角,作为研究基因的科学的遗传学,是支撑和连接生物学各个领域的核心。生物学某些分支学科,例如动、植物的解剖学,动、植物的生理学等,研究的是生物体各个层次上的结构和功能,而这些结构和功能实际上都是遗传与内外环境相互作用的结果,例如受精卵的分化和器官的形成是不同的基因分别被激活或阻遏的结果,某些激素的合成是相关基因在一定条件下被激活的结果。生物学的另一些分支学科,例如动物分类学、植物分类学、进化论等,研究了生命的多样性,描述了迄今所知的 200 万种以上生物的形态特征与生理特性，以及它们之间的亲缘关系和进化过程；遗传学则根据基因和基因组的研究结果发现，包括噬菌体到人类的所有生命形态具有共同的遗传密码和共同的生物信息处理系统，它们的突变和重组机制也没有本质上的区别。由此可见，遗传学在揭示生命本质的研究中具有突出的重要性，是整个生物科学发展的焦点。

　　遗传学在指导动物、植物、微生物育种实践中起了重要的作用。早期的育种方法只限于选种和杂交，遗传学理论研究的成果则创新了育种手段，改进了育种方法，提高了育种效率。例如 20 世纪 20 年代以来应用杂种优势原理于玉米，20 世纪 70 年代以来应用杂种优势和细胞质遗传原理于水稻，利用单倍体加速小麦育种进程，利用非整倍体育成小偃麦品种，以及异源多倍体小黑麦和同源三倍体无子西瓜的育成等。基于细胞全能性和基因选择性表达原理的植物组织培养技术，已经在种苗生产中广泛应用。抗菌素等新兴发酵工业的进步，曾经主要依赖人工诱变育成的菌种；后来又应用微生物的基因调控、转导、转化等原理育成了新菌种。20 世纪 80 年代以后，将转化的方法即 DNA 体外重组的方法应用于高等动、植物，产生了一批新型的转基因动、植物和生物反应器，进一步显示了以遗传学理论为基础的高新技术推动生产发展的威力。

　　遗传学又是指导人类优生，预防、诊断、治疗癌症和遗传性疾病的理论基础，人类基因组计划的后续工作将为对付这两类疾病提供更为有效的手段，甚至传染性疾病的诊断方法也可能因 DNA 技术的进步而发生变革。当今世界治理污染的方法，监测和保护环境的技术，乃至法学中的检测手段，也处处可见遗传学原理的应用。为此，我们不仅需要掌握遗传学理论指导下的专业技能，而且需要了解遗传学在其他领域的应用，以便适应新世纪的人类生活。

参 考 文 献

1.李汝祺.中国大百科全书·生物学：遗传学.中国大百科全书出版社,北京、上海：1983

2. Fairbanks/Anderson. Genetics：The Continuity of Life. 英文影印版.北京：中国协和医科大学出版社,2002

3. Hartwell et al. Genetics：From Genes to Genomes. 英文影印版.北京：科学出版社,2003

4. Klug/Cummings. Essentials of Genetics（Fourth Edition）. 英文影印版.北京：高等教育出版社,2002